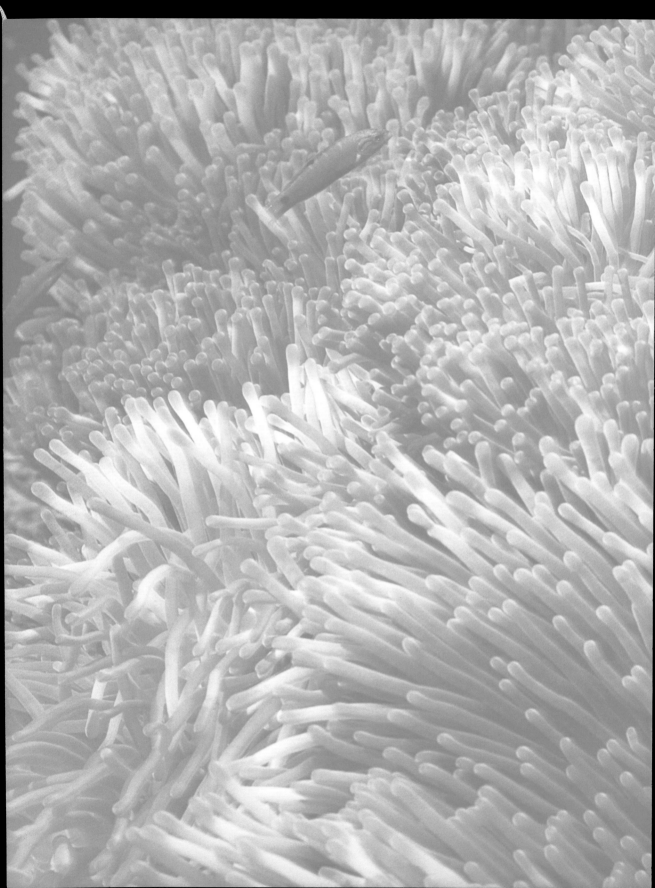

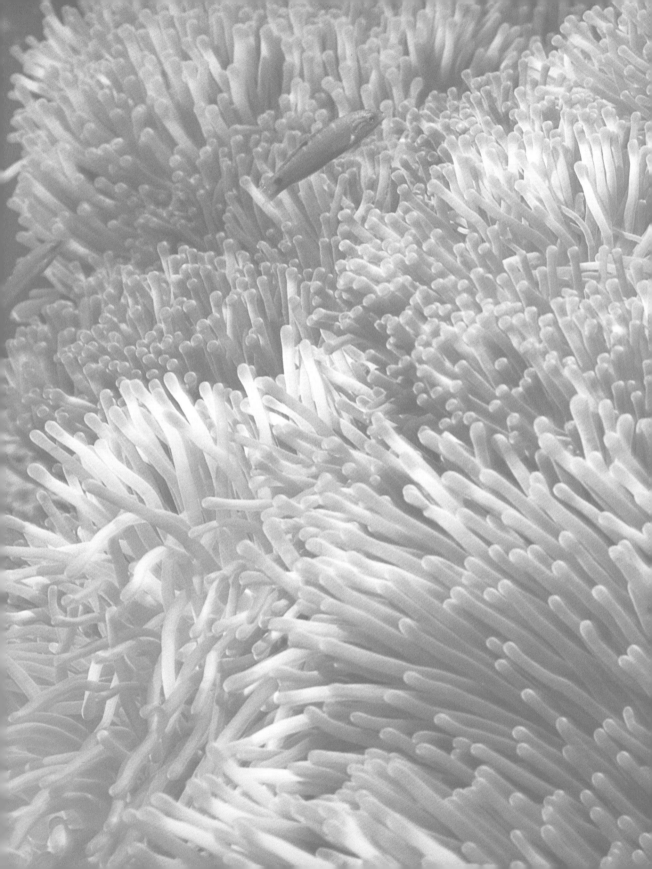

World Heritage–Wonderful Scenery

世界遺產之旅
自然奇景

風景文化

World Heritage–Wonderful Scenery
世界遺產之旅
自然奇景

編撰	張玲霞
攝影	于雲天、王瑤琴、尹珪烈、李憲章、崔正男、
	畢遠月、傅金福、澳洲昆士蘭州觀光旅遊局、Photoco
主編	何　揚
編輯	廖秀蘭
資料編輯	陳姮蓉
美術設計	崔正男
發行人	黃台香
出版者	風景文化事業股份有限公司
	地址　231 台灣台北縣新店市中央路198號3樓
	電話　886-2-8218-7702
	傳眞　886-2-8218-7716
	E-mail　scenery.books@msa.hinet.net
	郵撥　19749174 風景文化事業股份有限公司
製版	科億資訊科技有限公司
印刷	吉鋒彩色印刷股份有限公司
裝訂	晨捷印製股份有限公司
國內總經銷	展智文化事業股份有限公司
	地址　220 台灣台北縣板橋市松江街21號2樓
	電話　886-2-2251-8345
法律顧問	國際通商法律事務所黃台芬律師
初版	2004年2月
定價	新台幣360元（含稅）
ISBN	957-28557-5-1

Printed in Taiwan

國家圖書館出版品預行編目資料

自然奇景＝Wonderful Scenery／張玲霞編撰：
　于雲天等攝影. -- 初版. --台北縣新店市：
　風景文化，2004 [民93]
　　　面；公分. -- （世界遺產之旅）
　957-28557-5-1（平裝）
　1.自然地理　　2.世界地理

351　　　　　　　　　　　　93001223

作　者

張玲霞 資深編輯及文字工作者，現居台北。擔任周刊、出版社編輯與主編多年，參與或主編的圖書達數十種。後專心從事寫作至今，寫作範圍涵蓋歷史、民俗、文化、科普、兒童文學等多方面。文字活潑綺麗，富有奇想。

攝影者

于雲天 資深攝影家，現居北京。從事攝影工作近三十年，擅長拍攝自然風光，作品多次獲獎，經常發表於各種報刊、雜誌，已出版多種攝影作品集。除了中國各地，也經常在美洲、歐洲各國旅行攝影，並舉辦攝影展及攝影講座。

王瑤琴 資深女攝影家、自由撰稿者，現居台北。長期從事旅行報導及攝影工作。曾旅行五十餘國，特別偏好探訪文明古國。先後拍攝亞洲、歐洲世界遺產一、二十處。

尹珪烈 韓國人，攝影家及旅行作家，現居台北。對中國少數民族的生活、風俗、服飾及傳統文化有強烈興趣，長期深入中國西藏、雲貴川偏遠山區及東南亞荒僻之境。曾以中文與人合著雲貴、漢城等地的旅遊書籍。

李憲章 資深旅遊作家，現居台北。遊歷過四十多個國家，經常在各種媒體發表各類型旅遊作品。其中，對日本經營最深，感情投入最多。對各地世界遺產十分熟悉，經常以此主題發表演講。已出版旅遊著作三十餘種。

畢遠月 出身上海的攝影家，曾在加拿大研修純藝術攝影，1993年起成為自由攝影家。現居巴黎，為美加、歐洲、日本等地圖片庫及出版社拍攝圖片。近年在歐洲、亞洲、美洲拍攝世界遺產三十餘處，對美洲印第安古文明及自然景觀特別有心得，本書可以見到他許多精采作品。已有數十種相關著作及攝影作品問世，可參考他的個人網站www.brucebitravelphotos.com。

傅金福 資深攝影家及美術工作者，現居台北。長期從事攝影及美術設計工作，並擔任出版社藝術總監職務。經常遊走世界各地，捕捉精采畫面。近年專注於以鏡頭詮釋台灣自然景觀及生態之美，已編製出版許多種相關圖書。
（依姓氏筆畫排列）

珍惜人類共同的遺產

2001 年3月，阿富汗兩尊歷史悠久、藝術價值極高的巴米揚（Bamiyan）大佛在全世界的震驚中，被炸成了碎塊。相信很多人都不會忘記那驚心動魄的一幕，無論是不是佛教徒，當看到千年石窟佛像頓時崩塌成廢墟時，無不同聲歎息，心痛不已。

阿富汗塔利班政權瘋狂的毀佛行動，不僅驚動聯合國教育、科學及文化組織（簡稱聯合國教科文組織，UNESCO）派員前往關切，更在國際社會中引起強烈的關注和譴責。因為這兩尊大佛具有普世的珍貴價值，是全人類共同的遺產，值得所有地球公民一齊來捍衛珍惜。

但類似的悲劇，不會只在遙遠的巴米揚小村發生。一觸即發的戰爭、對名勝的不當開發、經濟發展與古蹟保存的矛盾、財務困窘的主管當局對古蹟維護的力不從心等等，稍有差池就會對自然和文化遺產造成難以挽回的傷害。

—黃 山—

基於珍視世界文化和自然遺產的普遍共識，聯合國教科文組織早在
1972年便通過了〈保護世界文化和自然遺產公約〉，並成立了「世界遺
產委員會」（World Heritage Committee）和「世界遺產基金」（World
Heritage Fund），借助國際力量，共同保護這些世界珍貴的資產。

　　世界遺產委員會每年召開一次會議，旨在對各國提出的世界遺產申
請項目進行嚴格的審核，審核的依據為相關專家事先在申請項目實地所
做的考察報告。這些專家主要來自國際古蹟暨遺址委員會（ICOMOS）
和國際自然保護聯盟（IUCN），具有一定的公信力。凡經過專家考察認
可，並獲得世界遺產委員會審核通過的項目，便能榮登「世界遺產名錄」
(World Heritage List)，受到〈保護世界文化和自然遺產公約〉所有締約
國家的共同保護和維護援助。

能夠申請列入「世界遺產名錄」的，包括文化遺產、自然遺產、自然文化雙遺產三種。被列入的文化遺產都具有歷史、藝術創造性、考古和科學上的獨特性，能代表人類創造天才的傑作，或某一文化傳統或文明的典型；而自然遺產除了出色的自然美景外，還必須具備生物、生態、地質上的獨特性，或在地球演化史上占有一席之地。

截至2003年底為止，全世界129個締約國中已有754項世界遺產，其中包括582項文化遺產、149項自然遺產和23項自然文化雙遺產。中國大陸共有包括長城、紫禁城、敦煌莫高窟、蘇州園林、泰山、黃山、九寨溝等29項入列。為了宣傳倡導世界遺產保護觀念，我們選出全世界最精采的遺產數十處，依類別編輯成冊。這其中有名城、古鎮，有宮殿、城堡，有教堂、寺廟，有古文明遺址，更有大自然奇景，分布範圍遍及世界各大洲。每一處均以深入的文字，精彩的圖片作詳盡介紹。內容涉及歷史、藝術、宗教、建築、民俗、考古、都市建設、地理、地質、生物、生態等等，可謂既豐富又有趣，使人觀之不盡。全書最後並附各處實用旅遊資訊及相關網站，方便讀者實地參觀。

無論吳哥窟、大峽谷，還是秦始皇兵馬俑或法國凡爾賽宮，都是人類文明的極致表現及大自然的神奇造化，令人深深感動。讀者飽覽了這一處處精彩的世界遺產之後，在開闊視野、增長見聞之餘，如果能進一步尊重、欣賞不同民族的文化成就，並對保護世界遺產有些基本認識，就更有意義了。這也是本系列叢書出版的最終目的。

—大峽谷—

目　錄

豔麗如花的珊瑚（左圖）

優勝美地谷地

中國第一仙山──

黃 山

Mount Huangshan

北京

中國大陸

黃山

地　　點：中國安徽南部，跨越歙縣、黟縣、太平與修寧四縣

簡　　史：一億多年前抬升，本體為花崗岩，受第四紀冰川蝕切，形成高峰、深谷、怪石等，又經風化、雨蝕，峰更奇、石更異，自古就是深受中國人喜愛的名山

規　　模：占地約154平方公里

特　　色：以奇松、怪石、雲海、溫泉四絕名聞遐邇，並有三瀑、七十二峰、冬雪等景觀；有完整的自然生態及豐富的動植物。人文方面，以神話傳說、詩文、畫作、攝影及徽州歷史文化共同形成黃山文化。列名自然及文化雙重遺產

列入世界遺產年代：1990年

冬日的黃山瑞雪紛飛，蒼勁的翠松，頓成晶瑩的雪松，顯得格外清幽空靈。（左圖）
奇峰、怪石、蒼松形成黃山別具一格的美景。（右圖）

欣賞中國山水畫時，畫中的崇山峻嶺、飛瀑流泉及蒼松翠柏等意境高遠的美景，經常讓觀覽者神馳。而諸多山水畫裡，描摹黃山的不在少數，黃山的美自古就深深吸引著一代代的中國人。

黃山因山石黝黑，以前稱為「黟山」（黟，黑也），唐時才改稱「黃山」。無論是高危、莊嚴或矗直、雄奇的程度，黃山在中國各大名山中，都不是頂尖。但「雖無華山之危，而有其磅礴；無岱山（泰山）之拙，而有其莊嚴；無衡山之卑，而有其抗直；無匡廬（廬山）之粗暴，而有其雄奇」，可說是兼有各大名山的特色，所以大家公認它是「天上之仙翁，亦山中之名望」，而被列名「中國第一名山」。大旅行家徐霞客的名言「五嶽歸來不看山，黃山歸來不看嶽」，將黃山的卓爾不凡下了最佳註腳。

黃山一點也不負此盛名，山中四季氣候宜人、氣象萬千，景

黃山四時皆美，無論陰晴皆有韻致，尤其山中終年雲遮霧罩，虛無飄渺，宛若仙境，自古即吸引了一代又一代的中國人。

色隨四季的變化而更替，展現不同的風華：春季，怒放的百花芳香四溢、色彩繽紛；夏季，綠意罩滿連峰，泉水充盈而滔滔奔流；秋季時，楓紅、妊紫爲山谷著上五彩秋衣；冬季時，山間的瑞雪與寒霧，將黃山點綴得銀白而迷濛。最舒爽的是夏季，可能是長日的雲海遮住了陽光，連最熱的七月也涼爽異常，成爲中國著名的避暑勝地之一。

　　黃山的陰晴也十分有致，天陰時，山峰在霧靄中若隱若現，如幻似眞；天晴時，山形莊嚴壯麗，令人神清氣爽。至於黃山的著名景色：七十二峰的孤絕峻秀、雲泉松石的絕景奇色，更是美不勝收。飛瀑瑞雪的翩翩美姿、自然生態的珍奇完整，使黃山頻頻入詩、入畫且入像，自成「黃山文化」。這使黃山在自然美景之外，更具備了豐富的藝術文化內涵，在諸多名山中獨樹一幟。能以自然及文化雙重遺產列入世界遺產名錄，的確實至名歸。

奇峰、四絕成其美

　　雄奇峭拔的山峰和奇松、怪石、雲海、溫泉構成了黃山的奇景。

◆高峰矗立

　　黃山的美，在山峰的高峻英秀間。

　　形成這樣山峰的原因，首是遠古時期多次的地層變動，岩漿形成它花崗岩本體；其次是在一億多年前，地殼運動使原本沈沒在海底的山巒隆起；再經100萬年前，第四紀冰川的侵蝕，形成峻峭的奇峰、怪石、深溝、懸谷。154平方公里的面積上，聳立了七十餘座千餘公尺的山峰，足見山峰密集與高矗的程度；其中蓮花峰、光明頂和天都峰甚至高達1800公尺以上，黃山也因此而少有人能登頂。最後這些粗粒花崗岩峰石又經風化、雨淋的作用，剝蝕成姿態萬種的怪石、奇柱與石筍，與山裡的奇松、雲海、溫泉，合稱「四絕」，為黃山的美共譜出協調的奏鳴曲。

　　蓮花峰是黃山第一高峰，高1860公尺，主峰高如蕊心，四周石峰疊折、層次分明，如花瓣般的向蕊心集中，遠看有如向天際開放的天然蓮花，故而得名。山峰指天插地，高入雲際，登峰可以眺望天目山、廬山、九華山之悠，覽長江綿延之秀。只是攀爬上山前那幾近垂直的階梯與盤旋曲折的山道，還是讓人膽戰心驚。

花崗岩體經大自然之手千百萬年的雕琢，成了一座座節理清晰、稜角分明的山峰。黃山雖不以高聳著稱，卻峰峰峻峭，頗見奇偉。加上山石、老松點綴，更有一種崢嶸巍峨之感。

峭拔的山峰擁著翻騰的雲海，夕陽餘暉中，散發淡淡的金光，此景好似一幅絕佳的潑墨山水。（左圖）

光明頂高約1840公尺，是黃山山峰中難得一見的平台，因此成爲觀雲海、日出的佳地。由蓮花峰可邁「百步雲梯」到達光明頂，沿途可一路欣賞怪石的奇趣，只是山路行頗感艱辛。黃山以光明頂爲界，向南爲前山，山勢雄偉壯觀；向北爲後山，山勢陡峭峻直，一般遊客都走前山。

「天都」意指「天上都會」，亦即天仙聚會的地方。天都峰四面峭直如角峰，就是受冰川切割的痕跡。拔立於1810公尺處，共有1500多個石階，坡度陡峭達70度以上，有些地方甚至呈90度直角。最險峻的還屬長十餘公尺的光滑石脊「鯽魚背」，狀如其名，兩側的光滑薄脊直入深谷，也是冰川行經切蝕的遺跡。由此背經過的人，無不悚然心驚，兩腿發軟。過了鯽魚背，再爬上90度的陡壁，才是天都峰。此峰的險峻足以考驗人們的勇氣，甚至有「不上天都峰，等於一場空」的說法。

黃山松有的挺拔，有的遒勁，姿態萬千。這幾株蒼松有如孤高的隱士，傲然而立。

◆怪石嶙峋

黃山的美，在怪石的千變萬化間。

黃山的怪石素有深、險、奇、幽的盛名，而且「有峰必有石」，山峰密集的黃山，怪石俯拾皆是，在玉屏樓、西海、北海、雲谷寺和松谷庵等處，輕易可見花崗岩的石筍、峰林展露的雄姿，有的如大刀巨斧劈削，有的又精緻得令人想握在手中把玩。這些怪石的造型千姿百態，有的似仙、有的像人，如「仙人曬靴」、「關公擋曹」；有的像物，例如「飛來石」、「駱駝鐘」；有的像動物，例如「松鼠跳天都」、「金雞叫天門」；有的什麼也不像，卻在人們豐富的想像力下，給了有趣的名字，例如「十八羅漢朝南海」、「童子拜觀音」、「豬八戒抱西瓜」等約一百多個。這些怪石似乎也因爲人們的命名而賦予了生命，在山中配合四周的景物，活靈精怪的擺弄起它們的形象來。

◆奇松神技

黃山的美，在奇松的蒼勁奇技間。

黃山的松數量多而姿態迥異，達百歲以上的松約有萬株，大

多生長在800公尺以上的高山上。在堅硬的花崗岩體上，松樹的根卻能深入石縫中吸收水分，同時分泌酸液（檸檬酸、蘋果酸等）侵蝕石壁，使產生裂縫，根再乘機深入裂縫，汲取水分與礦物質（鉀、磷等）。也許就是因為這樣的深植盤錯，使得松樹能在絕崖斷壁上滋生茂密，也能攀附在峭直的石壁上，獨立不墜；更能適應峰姿石勢，發展出單邊生長的攀石特技，讓人對它的神乎其技驚歎不已。古人曾對這些姿態奇異的松與石下了註解，認為黃山是「無石不松，無松不奇」，既強調了松與石的緊密關係，也點出了黃山奇松的普遍。

玉屏樓前的迎客松就立在門樓前，姿態傾向一方，像是熱切迎客的主人。此松高齡已逾千歲，號稱黃山第一名松，與附近的陪客松、望客松、送客松彷彿連成一條迎迓客人的路線，有意有趣。此外像蒲團松、鳳凰松、接引松、飛龍松等，都是依形態而取的松名；「仙女鼓琴」的「琴」、「喜鵲登梅」的「梅」，則是以物為松命名的；也有以松的神態酷似而命名。

遍布各處的怪石、奇石，不但豐富了黃山的自然景觀，也激發了人們的想像力。例如人們稱此處為「猴子觀海」，真彷彿有隻猴子蹲坐山巔，靜靜看著遠方。石猴活靈活現的模樣，似乎隨時會蹦跳起來。

◆雲海飄渺

　　黃山的美，在雲海的飄渺翻騰間。

　　黃山由於峰高谷深、臨海近江，濕氣高又氣溫低，山谷水氣不易揮發，以致凝成雲霧的時間長，全年大約有兩百五十多天是有雲霧的，所以又有「霧鄉」之稱。如海般的雲霧以山峰爲界，被分爲東海、西海、前海（南海）、後海（北海）與天海。在黃山觀雲海有這麼一說，要觀東海得上白鵝嶺，想觀西海得上排雲亭；欲觀前海得上玉屏樓，想觀後海得上清涼台；要觀天海就得到光明頂了。其中以玉屏樓前的前海最壯觀，而天海的雲由天際四面八方而來，最是聞名。

　　黃山的雲海以「善變」著稱，輕柔、飄逸的雲海，有人將它比做黃山的裙帶，稱它爲山的化妝師；翻騰洶湧的雲海，有如海浪起伏，有人索性將黃山喚作「黃海」。雲海在山中穿梭繚繞時，每使松、石乍隱若現，神幻飄然。據說著名的「蓬萊三島」就是在這樣虛幻的景象中出現，自古引誘多少帝王前來求仙丹不成以至夢碎。

◆溫泉清芬

　　黃山的美，在溫泉的飲浴舒暢間。

　　黃山的溫泉在入口紫雲峰下，名爲「湯泉」、「湯池」，與雲南的碧玉泉、陝西的華清池並稱中國溫泉的「三奇」。大抵溫泉多是借硫磺而熱，但華清池是借盤石，碧玉泉是借碧石，而黃山的湯泉則是借硃砂而熱，故又名硃砂泉，與一般的溫泉有異。湯泉口如碗大，每小時進水45公噸，泉水清芬無硫氣，水質純正，可飲可浴。傳說黃帝煉丹時，常在這裡泡泉，以期脫胎換骨、得道登仙；還聽說黃帝吃了仙丹後，果然變得年輕，唯獨老皺的皮膚沒有改變，於是泡了七天七夜的湯泉才治好。此泉即使遇大雨，泉水也不溢出，而且久旱不乾，無論多夏，恆溫42℃，被稱爲「靈泉」。後人多加傳頌，百般渲染，說它具有靈氣，能治百病，雖有些過度，但泉甘而香醇，製酒、泡茶皆宜，滌之全身舒爽卻是事實。

黃山各山峰之間厚厚的雲霧翻騰，如海浪起伏，稱之為雲「海」確實傳神。人們並以山峰為界，將遼闊的雲海分為東海、西海、前海、後海、天海。這是黃昏時分的西海，在夕陽輝映下，既壯觀又輝煌。

飛泉、溪潭、瑞雪增其色

黃山的飛泉指的就是瀑布。因為地形的關係，黃山不到下雨天見不到瀑布，「山中一夕雨，到處掛飛泉」正是這個情況的寫照。知名的黃山三瀑，在水量充盈的時候，各具氣勢：百丈瀑又名百丈泉，瀑如其名，懸在百丈高的山峰上，奔瀉如錦帶；人字瀑被山石分為人形下落，勢如破竹，瀑聲隆隆，落至最下，分成多流，飛濺如雨，所以又名飛雨泉或飛雨瀑；九龍瀑共有九層，各層自蓄成潭，遠看有如九龍戲水、噴泉、吐瀑，氣象獨具。此外，二十潭、二十四泉、十六溪也頗著名，它們在山間彎轉成趣、映照如怡，為黃山增色不少。其中以泉水擊石有聲的鳴弦泉、景色迷人的松谷溪深潭──五龍潭等景觀最為別致。

黃山的雪雖未列入四絕，但仍是文人墨客筆下不曾冷落的寵景之一。雪代表寒凍，將黃山瀑布、流泉冰封；雪使黃山山谷變調，青翠的山嶺轉為遍山遍谷的銀白；雪為黃山披上白色的冬衣，覆在山峰，鋪於松械，蓋在枯枝、凸石上。黃山在白雪的包裹下，一切生機似乎都藏了起來，萬物一片靜寂。這種極純、極靜，讓冬日的黃山散發著一股空靈之美。只是，冬季登黃山，天寒地凍且山路陡滑，步步驚險，恐怕不是人人都能欣賞得了黃山的冬季美景了。

白雪覆滿山巔及松枝、奇石上，連著名的迎客松也披上了雪衣(上圖)。銀妝素裹的黃山，是這樣的素淨純潔，美到極點。(右圖)

神話、科學共一爐

黃山美麗奇幻，引來了煉丹的黃帝、仙翁，衍生出諸多神話傳說；引來了騷人墨客，創造出美麗的詩、畫；引來了科學家，發現了自然寶藏。這些林林總總，連結成特有的「黃山文化」。

◆神話傳說活化了景物

　　追溯起來，黃山文化伊始於炎黃時代。傳說當時黃帝曾與容成子、胡丘公兩位仙翁，爲煉長生不老的仙丹，遍尋適合的地點。一日來到黟山，見景色優美有如仙境，便選定爲煉丹地，「煉丹峰」就是他們煉丹的山峰，「煉丹台」則是他們日日製丹的凹石。

　　後來因爲山中留有許多黃帝的足跡，甚至最後連黃帝也願生生世世與黃山爲伍，自己化作一座高峰，名「軒轅峰」，唐明皇乃將黟山更名爲黃山。自此與他們有關、無關的許多神話和傳說越來越多，常與景物連成一氣，繪聲繪影的在此間流傳，使這裡的景物更加傳神動人起來。

　　例如「煉丹台」對面是「曬藥石」，傳說是容成子、胡丘公兩位仙翁曬藥的地方。兩巨石中間有深谷相隔，往來其間險象環生，而他們卻能輕易自在的來去自如，真是神通廣大。

　　又如傳說有條鯽魚，聽說鯉魚一躍龍門之後，可以成爲神龍，便想學鯉魚，可是卻怎麼也躍不過龍門。仙人指點牠，需先在人間行善積德才可以成功。鯽魚遂來到黃山通往天都峰的深谷中，弓身爲橋讓人通過，這就是今日的「鯽魚背」。千年後，已有資格躍龍門的鯽魚，感到行善至樂，再也不想去躍龍門了。

　　還有一則傳說與詩仙李白扯上了關係。據說他曾來到聖泉峰的鳴弦泉，感於山幽水美，便坐在石上一邊飲酒，一邊吟起詩來。詩成後詩仙醉了，潑倒的酒灑在所坐的石上，大家認爲石頭一定也醉了，從此這石頭便有了「醉」名，名爲「醉石」。

飄渺奇幻、靈光四射的黃山，很容易讓人聯想到仙境，自古就有很多神話和傳說，這些神話和傳說越發使黃山充滿仙氣，顯得神祕莫測。左圖是後海，右圖是飛來石夕照，無不仙氣十足。

◆詩、畫、攝影傳達了美境

　　除了神話傳說外，黃山文化以吟詠黃山的詩詞文賦、描繪黃山美景的繪畫，及捕捉黃山影像的攝影作品爲主。自盛唐以至晚清的一千兩百年間，透過山水畫與文學詩詞的流傳，使黃山成爲中國廣爲人知的名山。頌讚黃山的騷人墨客不可勝數，詩仙李白只在山下逛了一圈，便題詩讚道：「黃山四千仞，三十二蓮峰，丹崖夾石柱，菡萏金芙蓉」。宋代黃山已是畫家筆下爭相描繪的主要對象之一；明末來此避世獨立的一批遺民，淡泊名利、寄情山水，自成「黃山畫派」，著名的石濤、漸江、梅清等都有妙品傳世。近代大師張大千、黃賓虹、李可染、劉海粟等也是描繪黃山的高手。

石濤的黃山圖。石濤是明朝王室靖江王之子，本名朱若極，明朝亡後，曾當過和尚，石濤便是他的法號。後來他與安徽畫家梅清認識，相偕到黃山旅行寫生，留下不少精采作品，與梅清、漸江同爲黃山畫派代表畫家，評論者認爲石濤的畫「頗得黃山之靈」。這幅作品繪於清康熙33年（1694），當時他54歲，正是創作鼎盛之時。

　　明、清以來四百多年的相關文物，在黃山本地保留得相當完整，再與當地的民俗風情、山水風光及古蹟民居結合，成爲十分有特色的文化（請參閱本系列第3冊《老城古鎮》「桃花源裡古村落——皖南西遞、宏村」篇）。因黃山位在徽州，所以通稱爲「徽州文化」，和藏文化、敦煌文化並稱中國三大地域文化。而晚期的黃山文化添加了許多攝影作品，藉著影像流傳，黃山之美更具體的呈現在世人面前，在海外都享有盛名。

◆科學探知了眞相

　　現在的黃山文化除了人文面之外，也逐漸擴及科學領域，朝著生態與地質等方面進行研究。目前動植物方面的發現，成果非凡，例如在山中發現了珍貴多樣的植物近1500種，也發現了不少珍稀動物。

黃山因地勢高，氣候呈垂直變化，山上的植物也隨著氣候而呈垂直分布，山頂為寒帶植物、山腰為溫帶植物、山腳為亞熱帶植物，生長著百年松、冷杉、銀杏、樟木與冰期留下的珍貴樹種；美人花、黃山杜鵑花、茶花、百合花、紫薇、蘭花和迎春花等開花植物；以及人參、中國金絲根和肉桂等三百多種著名的藥草；還有甘醇的黃山毛峰茶。不但提供了植物研究的重要材料，也是當地著名的物產，極富經濟價值。

黃山的自然條件完整而良好，在此生息的動物也非常之多，目前發現的包括猴子、山羊及列為一級保護的梅花鹿等哺乳動物；瀕臨絕滅的動物如雲豹、黑鹿、鬣羚、獼猴、印度靈貓和中國獴等48種；紅嘴相思鳥、八音鳥、白頸長尾雉、金黃鸝與黑嘴鷗等170多種鳥類；錦鱗魚等24種魚類；還有爬蟲類38種、兩棲類20種。

至於地質方面的研究，從海底的黃山，到隆起的黃山，從峻峰深谷，到筍柱石林都在進行，讓大家對黃山的了解更全面、深入。只是，有人不禁要擔心，科學研究會不會將黃山的神異色彩化為烏有？會不會奪走黃山夢幻般的美顏？這個問題不易回答，但我們深信，黃山的美無可比擬，無論時空如何流轉，黃山永遠奇幻靈秀，永遠是中國人心中的第一仙山。

黃山不但景致迷人，山中豐富的動植物也是寶貴的資源。千百種生物在這裡生息繁衍，為這座著名的仙山，增添了勃勃生氣及科學研究的價值。

非幻是真的童話世界——

九寨溝

Jiuzhaigou Valley Scenic and
Historic Interest Area

北京□

中國大陸
●九寨溝／黃龍
●三江並流保護區

地　　點：中國四川省北部阿壩藏族羌族自治州九寨溝縣（原南
坪縣）

簡　　史：4～1億年前，原是海域，有四千多公尺的沈積碳酸
鹽岩層。6000～7000萬年前，隆升為高原，裸露出
石灰岩層。再經五千多萬年的蝕切，形成峭壁、深
谷、梯湖、瀑布等特殊景觀。地處深山，19世紀中
葉始為外界所知。因該地原有9個藏族村寨，故名
「九寨溝」

規　　模：占地約720平方公里，外圍另有保護區600平方公里

特　　色：以翠湖、疊瀑、秋林、雪峰、藏族風情著稱，兼具色
彩、形態、聲音之美，尤其色彩之繽紛，有如夢中幻
境，而有「童話世界」美名。並有廣闊的森林，孕育種
類繁多的動植物，生機勃勃

列入世界遺產年代：1992年

疊瀑是九寨溝奇景之一，層層飛洩而下的瀑布，壯觀無比。（左圖）
憨態可掬的大熊貓是九寨溝最初始的住客之一，現在已成人見人愛的國寶動
物。（右圖）

29

嚮往過翠林綠湖、淨水飛瀑、連峰曲溝這樣的夢幻仙境嗎？嚮往過山清水澈、沒有汙染的純淨畫面嗎？這是否只是想像中才有的幻境，在真實世界中，根本不存在？

如果這樣認為，那就錯了。百餘年前，人們發現，世間真有這樣的仙境，而且存在已千萬年。這就是就位在四川北部、岷山山脈南段、尕爾納峰北麓，占地720平方公里的九寨溝。

九寨溝是崇山峻嶺中的一個Y形溝谷，由樹正、日則、則查洼三條溝組成，早期沿溝住著9個藏族村落，故而得名；又因為風光絕美，湖泊疊翠，又被稱為「翠海」。境內的藏民果敢、單純，所住的村寨飄揚著經幡（一種印有佛經、長達數丈的紅、白、黃等色綢緞），散發著濃濃的宗教氣息。由於地處深山，交通不便，藏民在這個仙境平靜的居住了無數個世代，直到1860年左右才被外界發現。人們這才漸漸知道，這是個夾在岷山山脈中、屬於嘉陵江源頭的一個分支峽谷，總長約60公里，位於海拔2140～4558公尺的高原上。水流由上而下，形成百餘個美麗梯湖、十多個壯闊的瀑布群、十餘處急流與五處灘流。這裡年平均溫度只有7.3℃，晴天多、雲霧少，景致明朗清新，美不勝收。尤其是人間少見的珍木奇獸在其間成長，越增添它的珍稀色彩。

為了保護這片淨地，人們忙為它冠上「世界自然遺產」與「世界生物圈保護區」兩道光環，深怕它從此化為烏有；後人看看又嫌美中不足，再為它戴上「童話世界」的美冠。九寨溝的美景不僅在中國獨特稱奇，即使在全世界也絕無僅有。

九寨溝地處深山，人跡罕至，只有藏人在此居住，獨享人間仙境。孩童在這裡快樂成長，清澈的溪流就是天然的泳池（上圖）；大人則在水流急處搭蓋磨坊，藉水力碾磨米麥糧食。現在碾磨糧食逐漸少了，虔誠的藏民利用水流轉動經筒，溪水滔滔，誦經也滔滔。（右圖）

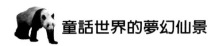

童話世界的夢幻仙景

　　九寨溝第一道光環所釋放出的光彩，在山、湖、瀑布與別具一格的石灰華地貌之間輝映。

◆湖泊似海，色彩繽紛

　　九寨溝的湖泊，藏民稱為「海子」，總數百餘個，傳說是仙女送給情人的鏡子。比較特別的是，湖泊呈階梯狀，層層相連；湖水清澈見底，又因有深有淺，湖水所含的礦物成分不同，以及湖岸相異的景物映照，成為色彩繽紛的彩湖，是夢幻仙景所奏的第一部曲。

　　其中以五花海的顏色最令人眼花撩亂，不同顏色的水生植物在水裡搖曳，將水面「染」成五顏六色的色塊：靛藍、碧綠、橙黃、青紫，恰似仙女寶鏡反射的七彩琉璃光；加上百花樹叢倒映在清澈如鏡的湖面，真是難以形容的繽紛，號稱「九寨溝一絕」。長海是九寨溝最長的海子，在海拔3100公尺處，是此地最高的湖泊。面對皚皚白雪的山峰，可欣賞到冰斗、U形谷等冰川地形的景觀。最令人驚異的是，它的湖水雪融時不溢、乾旱時不涸，藏民讚它是「裝不滿、漏不乾的寶葫蘆」，相當傳神。

九寨溝湖泊清可見底，能見度可達30公尺。湖水不但清澈，而且五色斑斕，有如一顆顆璀璨的寶石，鑲嵌在綠色的大地上；更似仙女寶鏡，映照出七彩琉璃光，令人目眩神馳。（左圖及左頁圖）

◆瀑布雄偉,聲震霄漢

　　九寨溝因爲峰高、谷幽、落差大,形成多處氣勢雄偉而美麗的瀑布,各具姿色,是夢幻仙景所奏的第二部曲。

　　諾日朗瀑布藏語意爲「雄偉壯觀的瀑布」,是中國最寬的瀑布,也是此地大型的石灰岩梯狀瀑布之一。瀑水層疊而下,夏季水勢宏大,勢如萬軍奔騰;冬季多處結爲冰柱,蔚爲奇觀;兩岸的森林密生,形成罕見的森林瀑布。此外,新月形的珍珠灘瀑布,環形的瀑簾墜如珠玉;彎串十九海的樹正瀑布有「六龍捲海上銀漢」之勢,令人叫絕。而60公尺高的熊貓海瀑布,是九寨溝落差最大的瀑布,冬季水柱結爲冰簾,與同一石灰洞裡的冰鐘乳、冰柱,連成景觀特異的冰晶世界,一片晶瑩剔透。

◆石灰華覆地千百里

　　九寨溝的地層，是沈積的碳酸鹽岩層隆升後裸露的石灰岩大地，經過水的作用，石灰華地形更是變化多端，是九寨溝夢幻仙景所奏的第三部曲。

　　所謂石灰華（Travertine）又稱鈣華，是一種碳酸鈣結晶。九寨溝山岩中含有豐富的碳酸鈣，高山雪融之後，滲入岩縫，溶解出岩石中的碳酸鈣，碳酸鈣結晶附在物體表面，便形成石灰華。石灰華每年只能沈積2～5公分，經過千萬年歲月流轉，堆疊出各種奇特形狀，形成獨特的景觀。

　　九寨溝的石灰華彩池、石灰華灘與石灰華湖堤，為夢幻仙景平添了幾分魅氣。

九寨溝森林密布，高山雪水在林間穿流，復經山石阻隔，形成層層疊疊的瀑布，乃此地奇景之一。左圖為諾日朗瀑布，寬300公尺，不但在九寨溝居冠，在全中國也是數一數二的，夏日水勢浩大，極其壯觀。上圖為珍珠灘，溪水在灘上匯聚，從棧橋下奔流而過，然後墜落成環形瀑布。棧橋上是欣賞此瀑最佳之處。

位於日則溝的珍珠灘可以看到各種形狀的石灰華地形，有的如台，有的似扇，有的凹陷如坑，溪水流經灘上，遇石灰華堆積，水花四濺，一顆顆如珍珠般晶瑩，煞是美麗。（右圖）

臥龍海因湖中有「臥龍」而得名，可以清楚看到躺臥在湖底的乳黃色巨龍。其實這是石灰華沈積經年累月凝結而成的，是九寨溝著名的石灰華湖堤景觀。

邊石壩彩池是石灰華彩池的代表，池中的石灰華沈積快速，湖中可以看見石灰華沈積而成的各種怪異形體，還有被石灰華包裹著的殘枝、花草，有的如象牙藝品，有的似水晶靈秀，綺麗得以為誤闖天宮，讓人看得目不轉睛、驚歎連連。

石灰華灘以珍珠灘最有名，灘上散布沈積著各種造形的石灰華，清澈的水流隨灘而下，遇石灰華形體阻隔，噴射而起，水珠四濺，陽光照見，一顆顆有如珍珠，因而得名。

石灰華湖堤以天鵝湖、臥龍海的規模最大，可以看見裙狀或肺葉狀的湖堤、石鐘乳等，海中的「天鵝」、「臥龍」，都是石灰華凝聚而成的精品，栩栩如生。

另外在「嫩恩桑措」的老石灰華區，也有許多重重疊疊的湖堤，堤內的水早已乾涸，僅留一形似觀音蓮台的石灰華台，讓人彷彿聽見，九寨溝的四周正奏著華梵之音。

樹正溝的樹正瀑布彎串十餘個海子，蓄積了大量湖水。湖水在森林中奔流，最後跌落湖堤，形成層層疊疊瀑。瀑水潔白如雪，在青山綠樹的掩映下，氣勢美麗兼具，不愧是九寨溝名景之一。（前跨頁圖）

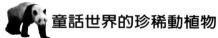 **童話世界的珍稀動植物**

九寨溝偶爾竄出的珍稀動物，與難得一見的奇花異草，是它第二道光環所灑落的光芒。古老、新生的生命，都在九寨溝生生不息，據調查，幾千萬年前，青康藏高原上經歷了幾次冰河時期，寒冷的氣候逼使高原上的動、植物向岷山山脈遷移，一部分在九寨溝找到了避難地。牠們與世隔絕了許多世代，數量眾多的古老動、植物，才得以在九寨溝不受干擾的繁衍下來。

◆寬闊豐厚的森林

　　九寨溝的森林非常廣大豐富，面積約300平方公里。蒼鬱的林中有香柏、雲杉（包括珍貴的白雲杉、川西雲杉與紫果雲杉等）、冷杉（有柔毛冷杉、鱗皮冷杉等）、馬尾松、落葉松及針葉林，林下還有灌木叢、草木叢與厚達10公分以上的苔蘚、地衣類。這樣多層次的植被，尤其是苔蘚、地衣類，為這片土地涵養了大量的水分，與深入地層中的植物根系，共同護住了表土的流失。

　　秋天是九寨溝森林最美的時節，漫山遍野色彩斑斕，東一片楓紅似火，西一片椴葉金黃，鮮紅、橘黃的野果高掛枝頭；仔細看，還有深淺不一、十幾種不同的綠：嫩綠、鮮綠、翠綠、黛綠、墨綠……，不能盡數這裡究竟有多少種顏色，世上最偉大的畫家到此，只怕也要擲筆三歎吧！

九寨溝以色彩豐富繽紛著稱，除了湛藍、青紫等變化萬千的湖水之外（上圖），秋林也是最富色彩變化的。鏡海一帶的秋天，滿山橙紅、金黃，映照在平滑如鏡的湖面上，真讓人有眼花撩亂之感。（左圖）

◆撲鼻芳香的繁花

　　九寨溝到了春夏，眞是一個名副其實的「花花世界」，桃花源有的是豔麗足以舞春風的桃花，而九寨溝卻盡是花團錦簇的杜鵑花，種類多達十餘種。五花海、珍珠灘頭是觀賞杜鵑花最佳地點。每逢盛開時節，滿山滿谷、水上水裡到處是杜鵑花，迎風飄香，彩瓣紛飛。形似玫瑰而純樸勝之的薔薇，也是九寨溝的豔客，在寶鏡崖山麓與羊峒山山坡，可以尋到它們的芳蹤。

　　此外，春天一到即爬上枝頭，國人稱爲「長樂花」、日人讚爲「良家之淑女」、英人譽爲「青春的希望」的報春花；直徑達15公分、燦爛嫵媚，藏人稱爲「紅旗花」的綠絨蒿，也在九寨溝各處綻放。這些都是九寨溝的嬌客，姿態各異，各領風騷。

◆添怪的藻菌與離奇的異草

　　九寨溝的藻類多達四十多種，是造成九寨溝湖水詭譎莫測的「禍首」之一。顏色有紅、有綠、有金黃；形狀或似彎月，或像扇子，在湖畔、水底漫生，加上湖光、天光相互映照，魅怪之相越顯。不要小看這些微不足道的小東西，

藻類能製造大量氧氣，可以淨化空氣，也可以促進細菌分解有機質，是維持九寨溝空氣清新與水質優良的大功臣。

菌類與藻類或其他植物共生，長成各種色彩鮮艷、形態怪異的真菌類，其中著名可吃的有牛肝菌、羊肚菌、木耳、茯苓等。有的富含人體必需的胺基酸，有的含有蛋白質，有的據說還能使人產生干擾素，抵抗病毒，被人們爭做席上珍饈。但饕客們仍須小心，有些真菌雖然外表亮麗，卻含有劇毒，吃了立時奪人性命。

九寨溝還有許多珍稀植物，包括第三紀初的獨草葉與星葉草等，有「蓋世之寶」之稱的領春木，有抗癌效用的三尖杉，以及黨參、冬蟲夏草、草貝母等珍貴藥草植物。

美如夢中幻境的九寨溝也是動植物的天堂樂園。這裡馬匹、牛羊成群，更有為數不少的珍稀動植物。原始而天然的環境，給生物一個好的生存空間，因而得以在此生生不息。

◆稀有的珍寶動物

森林美化了九寨溝的環境,為九寨溝的大地保存了水土、調節了溫度,給人們創造出一座童話般的夢幻天堂,也給珍禽異獸開闢了一座快樂的伊甸園。

九寨溝的動物真是非常幸福的一群,畢竟這樣的靈山秀水並不多見。這裡因為湖泊多、植被豐富,天然環境絕佳,有近二十種野生珍稀動物,包括列為保護的金絲猴、牛羚、大熊貓、小熊貓、天鵝、白唇鹿等都在這裡繁衍。其中大熊貓經常在熊貓海一帶出現,名如其實;附近的箭竹海箭竹叢生,是大熊貓的樂園。

九寨溝有珍禽一百四十多種,其中多數是像杜鵑、柳鶯、啄木鳥、白臉山雀這類的食蟲益鳥,還有特別愛乾淨的白鷳,整天在做沙浴;羽毛豔麗的紅腹角雉,隨意在林湖邊悠然散步。更有夫唱婦隨的綠尾紅雉(因愛吃草貝母、火炭,而被稱作「貝母雞」或「火炭雞」)、有著長而光澤亮麗尾翎的藍馬雞等,都是難得一見的珍希禽類。

這樣的世界,這樣的景,你也許驚訝於它的不可思議,疑它是夢幻;你說你好似醉了,那是必然。只是千萬記著,不必到夢裡去百般探尋,這個童話世界就實實在在矗立在四川的九寨溝!

羨煞人與仙的人間瑤池——
黃 龍

Huanglong Scenic and Historic Interest Area

地點：中國四川省北部阿埧藏族羌族自治州
松潘縣境

規模：位於海拔3000公尺以上的高原，占
地約700平方公里，外圍保護地帶
640平方公里

特色：以高原冰川地貌及石灰華景觀著稱，
尤其石灰華景觀類型齊全，舉世無
雙。自然資源豐富，生長著許多珍稀
動植物。彩池、雪山、峽谷、森林號
稱黃龍四絕

列入世界遺產年代：1992年

在九寨溝南方一百多公里處，還有一處名列世界自然遺產名錄的勝景，這就是風光綺麗、號稱人仙同羨的「人間瑤池」——黃龍。黃龍位在四川北部阿埧自治州松潘縣境內的岷山山脈中，其地質構造與九寨溝相同，但景觀卻截然不同，另有獨特之美。

傳說曾有黃龍潛遊到此，幫助大禹治水，後見這裡湖泊萬千、色彩繽紛，飛瀑、峽谷、森林風光還勝天堂，自此戀棧不去。後人遂以「黃龍」為此地名，並在峽谷處建黃龍寺。

黃龍的石灰華地形獨步全球，其中尤以黃龍溝的石灰華灘最具代表。淡黃色的地表，在陽光的照射下，閃耀著金光，有如「金沙鋪地」，景觀甚奇。

　　黃龍占地700平方公里，海拔在3000公尺以上，以奇、絕、幽、秀的高原自然景觀與石灰華地貌聞名中外。黃龍與九寨溝一樣，均屬碳酸鈣地質，都有發達的石灰華地貌。而黃龍的石灰華景觀更勝九寨溝，稱得上舉世無雙，不但範圍廣、規模大，而且五顏六色、類型齊全，諸如邊石壩彩池、灘、湖、泉、瀑布、洞穴、坑、台、扇等等，無不具備。這些石灰華地貌形成黃龍最奇特的自然美景，不但在中國獨樹一幟，在世界上也極其罕見。

　　要欣賞石灰華景觀，以黃龍溝、扎尕溝、二道海等溝谷最佳。尤其是黃龍溝，溝長約7.5公里，寬約1公里，海拔3000～3558公尺，原是一座古冰川的冰磧地，3萬年前，冰川融化了，退了，石灰華開始沈積，在大地形成綿延3600公尺、寬約40～170公尺的石灰華段，包含了所有類型，俯瞰有如一條金色巨龍。最奇特的莫如石灰華灘，淡黃色的地表，夾雜著乳黃、明黃、金黃，在陽光照射下，金光閃閃，遠看有如「金沙鋪地」，當地藏人則稱之為「黃色的海子」，甚是壯觀。

彩池是黃龍最富特色的美景之一，一汪汪或藍、或綠，或青、或紫的池水，像梯田一樣，層層而下。美得特別，美得脫俗出塵。

石灰華灘以壯麗著稱，說到造型之美、色彩之豐富，彩池當屬第一。彩池是石灰華堤埂圍成的一汪汪池水，像階梯一般，層層而下；池中各種顏色的水藻滋生，嫩綠、鮮黃、澄藍形成五彩斑斕的絢麗景象，實不像人間之物。黃龍彩池多達三千餘個，五彩池、映月彩池、爭豔彩池、迎賓彩池等等無不精采。尤其位於黃龍寺之後的五彩池，由四百多個小彩池組成一大片彩池群，既繽紛又壯麗。奇妙的是，池中還有一對明代石塔，已被石灰華掩沒，只剩塔頂，當地人稱為「石塔鎮海」。

黃龍「四絕」，除了彩池，還有雪山、峽谷、森林。黃龍所在地區屬於青藏高原的東部邊緣，乃海拔3000公尺以上的高原地帶。境內雪峰林立，並且有分布密集的冰川遺跡。5000公尺的高峰就有7座，其中以海拔5588公尺的岷山主峰雪寶鼎最高。山頂有現代冰川，終年積雪不化，這是中國冰川分布的最東點，再往東就不見冰川蹤跡了。黃龍不但山勢雄奇，而且峽谷向下深切，險峻萬分，整體氣勢非常磅礴。山上氣候寒冷，冬季特別漫長，春天過完就是秋天，因為這裡根本沒有夏天。

「飛瀑流輝」是黃龍最出色的瀑布，彩池的水滿溢，從池邊直洩而下，形成數十道高10公尺的瀑水。瀑布後面是黃色的石灰華堤壩，經陽光照射，閃閃生輝，故名飛瀑流輝。

黃龍地處高原地帶，境內雪峰林立，峰頂積雪終年不化，並有冰川分布。此為從谷地彩池遠眺雪峰，白雪皚皚的山峰宛若冰清玉潔的仙子。

黃龍也是動植物的寶庫，由於地理位置關係，正處於東亞、喜馬拉雅、北半球亞熱帶及溫帶四個植物區的交匯點，植物種類特別豐富，而且分布甚廣，全區三分之二都被森林覆蓋。林中古木參天，高大的喬木之下還有灌木和各種蕨類、苔蘚。珍稀樹種在這裡比比皆是，諸如四川落葉松、岷山冷杉等都已列入保護。森林中是野生動物理想的棲息地，走獸、魚蟲、鳥類共計兩百多種，其中列入保護的珍稀動物就將近一百種，像人見人愛的大熊貓、一身燦爛的金絲猴、矯健的雲豹，及牛羚、白唇鹿等等。

黃龍的居民以藏族為主，另有羌族、漢族等。傳統藏民以種青稞、玉米、小麥，放牧犛牛為生。近年因為觀光客漸多，藏民改行開餐館、旅社、工藝品商店或從事旅遊業的越來越多。儘管如此，絕大多數藏民仍過著傳統生活，保有祖先留下來的生活方式和宗教信仰。

境內最著名的寺廟是位於黃龍溝溝頂的黃龍寺。寺建於明代，分前、中、後三寺，前、中為佛寺，現已不存；後寺為黃龍真人寺，每年六月中旬是寺中最熱鬧的時節，附近各民族群聚於此，舉行廟會，熱鬧萬分。寺後的黃龍洞，據說是黃龍真人最初修煉得道的所在，此洞窟是中國冰期最長的天然冰洞，更是石灰華洞穴的代表。洞頂終年滴水不斷，石灰華凝聚，形如巨龍；洞內碳酸鈣沈積的石筍、鐘乳石隨處可見，連所祀的佛像都不免被包覆裹上一層，晶瑩而別致。

建於黃龍溝頂的黃龍寺，是黃龍境內最著名的廟宇，奉祀相傳在此修道成仙的黃龍真人。每年6月黃龍寺舉行廟會，附近居民都趕來赴會，平靜的山中，頓時熱鬧歡樂起來。

舉世獨一的三江「川」流——

三江並流保護區

Three Parallel Rivers of Yunnan Protected Areas

地點：中國雲南西北部，位在雲南、西藏、緬甸的交界處

規模：面積約41000平方公里

特色：怒江、瀾滄江、金沙江三江並流而不交流，蔚為奇觀。境內高山、深谷、雪峰、冰川林立，以山高、水急、壁險、景奇著稱。氣候多樣，森林廣闊，生物種類極其豐富，並富礦物、水力資源。區域內生活著藏族、怒族、傈僳族、哈尼族、獨龍族等十餘個少數民族

列入世界遺產年代：2003年

■昆明

雲　南

三江奔流於高山峻嶺之間，兩岸峭壁夾峙，驚險雄奇。這裡地處偏遠一隅，人煙稀少，仍保留著最原始、最粗獷的原貌。（右圖）

看過滾浪滔滔的江流嗎？看過峽谷兩岸高聳、夾峙、峭立的谷壁嗎？如果在世上最深的峽谷處臨立，是否會覺得頭昏目眩、喘息不定，如將墜入深谷，感到生命即將消逝於須臾呢？雲南三江並流保護區就有這樣懾人的氣勢，三條江流的水勢滔天、聲嘯山谷，形成壯麗神奇的自然景觀。最原始的森林、最豐富的生物物種，以及世居於此的十幾個少數民族，讓這個占地約41000平方公里的保護區，於2003年7月名列世界自然遺產名錄，成為世界最大的國家風景名勝區。三江貴為世界自然遺產的新秀，卻是亙古以來，中國舊有的瑰寶。

並流卻不交流的大江

三江並流保護區位在雲南西北部，跨越迪慶藏族自治州、怒江傈僳族自治州及麗江市三個行政區，也就是青藏高原南部至滇西橫斷山脈的縱谷地區。其中橫斷山脈的山嶽南北並列，是中國唯一呈南北方向伸展的巍峨山系。大山之間三條滔滔的江流——怒江、瀾滄江、金沙江，在雲南南北並流了400公里，水勢浩大。怒江與瀾滄江最短的距離只有18.6公里，而瀾滄江與金沙江最短的距離也只有66.3公里，江與江之間，高山相阻，非但各河流域間窒礙難行、各不交流，連同一條江的兩岸，跨越都很困難。

三江的源頭相近，在雲南成「川」字並流，共同特色就是山高、水急、壁險、景奇，最後三江分別注入大海，到河口處的直線距離，已相隔3000公里了。這種天然特殊的地理環境，無形中造就了許多天然的險峻與人類競天的奇觀。

最西邊的怒江又名潞江，發源於唐古拉山的山口附近，流至西藏洛隆嘉玉橋一段為上游，藏民稱「那曲卡」，意為「黑水」或「黑河」。經嘉玉橋，由貢山進入雲南縱谷，此間河段長約316公里，兩岸危崖峻嶺，分別為怒山與高黎貢山，山、谷落差3000公尺，江水在幽谷間怒吼迴響，故名怒江。高黎貢山西側

三江最西邊的怒江奔流在怒山和高黎貢山之間，上游谷深水急，河水聲吼如雷；到了雲南瀘水境內，河谷豁然開朗，水流平緩，兩岸景致優美（上圖）。最東邊的是金沙江，夾在雲嶺與雪山之間，到了雲南石鼓一帶，突然急轉東流，此即從空中鳥瞰大轉彎處的奇景。（下圖）

與擔當力卡山之間，夾著恩梅開江的東源獨龍江，峽谷內瀑布奇多。怒江水來到瀘水後，河谷開闊，山、谷落差只有500公尺，在潞西出境，進入緬甸，改稱薩爾溫江，再經仰光流入印度洋。

瀾滄江被譽為「東方多瑙河」，發源於唐古拉山的北麓，流經昌都，由德欽進入雲南橫斷山脈的縱谷。在雲南境內的河長有1240公里，落差1780公尺，江面約在海拔1900公尺，兩側怒山與雲嶺夾峙，江水到了保山折向東南，續流至功果嶺，河面最窄只有70～100公尺，之後夾峙的兩山山峰雖降，但波大水急，有許多險灘。江水經西雙版納流出國境後，就是東南亞有名的湄公河，穿越緬甸、寮國、泰國、高棉等國，最後在越南入南海。

金沙江就是長江的上游，發源於唐古拉山的南麓，匯集雅礱江、大渡河、嘉陵江等大河，由德欽一進入雲南境內就呈現高落的水勢，兩側雲嶺與雪山夾峙，如入雲端。雲南境內的金沙江長763.5公里，落差1020公尺，著名的虎跳峽有18處險灘，江面是三江中最高的，約在海拔2100公尺處。金沙江到了石鼓忽然急彎向東，宜賓以下便是長江，河口段稱為揚子江，最後流入東海。

步步驚魂的渡江奇觀

由於急流的天然險阻，三江兩岸的民族，以原始的方法克服天然江流險阻，其做法有二，一是乘獨木舟，二是築橋。

獨木舟的製作非常簡陋，僅將木頭的中心挖空、兩端削平即成。因形似豬吃東西的食槽，當地傈僳族稱之為「貢西」，意為「豬槽船」。獨木舟可乘坐兩三人，平時就用這麼簡陋的舟船在洶流中捕魚或攔截江上的浮木，技術令人稱奇。雨季水量宏大，容易翻覆，較少使用。

這裡早期所築的橋是藤索橋與溜索。所謂的藤索橋，是獨龍族在獨龍江流域所建、特有的渡江工具。他們擷取江邊的粗藤編成藤索，綁在兩岸的四根樹上或木樁上，然後再以細藤編成下垂的藤網，再在藤網下方綁上窄木板，過橋時就踩著木板而過，上下左右搖晃，步步驚魂。

溜索據說是一個稱為「笮」的古民族創的，所以也稱「笮橋」。是將藤索兩端固定在兩岸，過江時，借一高一低的地利，用滑梆由高的一岸往低的一岸滑，真有一點由對岸直「撞」過來的味道，所以古稱溜索為「撞」，頗有一番道理。據說必要時，牛、馬都可以溜過。

早期瀾滄江兩岸的人過河，所用的滑梆是木製的溜筒，形似瓦片，沒有滑

輪，渡江時自是險象環生，瀾滄江還因此得了「溜筒江」的小名。後來滑梆改用鐵製，且附有滑輪，藤索也改為鋼索，安全多了；但不熟悉的人們渡江時，還是冷汗直流。近年三江地區已築有許多吊橋、鐵索橋與水泥橋（如怒江新橋），但江邊幾乎還是每隔一段距離就有一個溜索，與藤索橋成為此地一大特色。渡江的人就如同表演特技一般，成為江上特有的景觀。

南北條列卻不交錯的峻嶺

　　除了三江並流，震懾人心之外，這裡的高山地貌、冰川、雪峰等自然景觀完整而特殊，可說是地球關於高山峽谷演化過程的絕佳展示場。

　　4000萬年前，印度板塊與歐亞板塊的碰撞，造成青康藏高原的隆起，被擠壓的山嶽，形成南北條列卻不交錯的特殊地形，也就是雲南縱谷的橫斷山脈所在。向上隆起的山峰，蔚成陡峻的切峰，原有的河流繼續向下蝕切，使峽谷越形深峻。像這樣的區域，南北延伸了310公里，東西寬約180公里，共有一百多座海拔超過5000公尺的山峰，而6000公尺以上梅里雪山，幾乎終年被冰雪所覆，最高峰卡瓦格博峰（6740公尺）上的萬年冰川，是目前世界上最壯觀且罕見的低緯度、低海拔現代冰川，也是中國冰川的最南端。

終年白雪皚皚的梅里雪山在瀾滄江邊綿延數百公里，雄偉而聖潔。中央傲然而立的是海拔6740公尺的最高峰卡瓦博格峰，在藏語中意為「白色的雪山」，為藏傳佛教寧瑪派的神山；藏人視為神聖之地，至今尚無人敢登頂。

三江湍急的河水在深谷中奔馳，水勢又急又猛，遇山石每每激起波濤洶湧的水浪，雄渾的氣勢震人心魄。（後跨頁圖）

區域內展現著多種岩石和特殊地貌，從蛇綠岩、枕狀熔岩至第4紀的地質岩層，再到造山地段變質、變形的冰川、雪峰等。四百多個冰川湖泊，每個都圍繞著冰堆石及各種冰川地形。此外還有大面積的花崗岩山峰群和巨型砂岩獨石柱，其中麗江老君山分布有中國面積最大、發育最完整的阿爾卑斯丹霞地形，那被風、水侵蝕的紅色石灰質砂岩，鑲嵌在綠色原始森林中，格外引人側目。

三江流域有山有水，面積遼闊，包含數個氣候區，境內生物物種特別豐富，北半球多數生物都可在此找到。其獨特的生物多樣化，極具價值。這也正是三江流域列入世界遺產名錄的主因之一。

蘊藏豐富的生物寶藏

三江地區含括寒帶、溫帶、亞熱帶多個氣候區，人稱「一天有四季，十里不同天」。多變的氣候，生成多樣的植被，從原始的亞熱帶林、炎熱乾燥的熱帶乾草原，到灌木叢、落葉林、針葉林、高山草原、草甸等無不具備。多樣的植被又澤及眾多動物，三江的生物種類因此格外豐富。

這裡的森林面積極廣，林內有雲杉、冷杉、扁柏、紅松、箭竹、青楓、油桐，以及種類超過兩百種以上的杜鵑、一百餘種百合、蘭花，還有銀杏、藍罌粟、蘇鐵等。其中雲杉的木質甚佳，早期常被用來製造豬槽船，現在則是製鋼琴的好材料；紅松常用做上等棺木，據說千年不腐。此外還有千餘種名貴藥材，如黃連、沈香、杜仲、靈芝等。三江區內已設立9個自然保護區和10個風景名勝區，例如瀘水境內高黎貢山的64萬畝森林，劃為國家自然保護區；西雙版納的橡膠林，是世上緯度及海拔最高的橡膠林。

動物方面，區域內有金絲猴、羚羊、雪豹、孟加拉虎、黑頸鶴等數十種珍稀動物，牠們大都生活在三江的西部地區，特別是滇緬邊界狹長的高黎貢山，及瀾滄江與金沙江之間的雲嶺之中。此外，三江有種類極多的哺乳動物、鳥類、爬蟲類、兩棲類、淡水魚類、昆蟲等等，其中許多是獨一無二的特有種。

這些動植物和眾多的子遺物種，豐富了三江的生物資源，被稱為是世界級

物種的基因庫,雲南也因此被冠上「動物王國」、「植物王國」的美稱。三江更因含括東亞、東南亞和西藏高原等三大生物地理區的生物種類,號稱歐亞大陸最多樣的生物區,所擁有的生物,幾乎是北半球生物的集錦,外國植物學家甚至認為,雲南西北部是「歐洲植物之母」。

人與天爭的少數民族

　　區內江河沿岸常見許多水磨、水車、水鋸等晝夜不停的轉動,都是居住在三江地區的住民所想出來的水力利用工具。這些住民,就是古代所謂的氐羌、百越、百濮等民族,如今已發展為十多個民族與百餘個支族,包括怒族、傈僳族、傣族、彝族、藏族、哈尼族、獨龍族、納西族等。他們已經在這裡居住了數千年,有豐富獨特的文化,無論是宗教、神話、藝術、舞蹈、音樂、詩歌等,都和環境密切關聯,非但「靠山吃山、靠水吃水」,構成民族各自的特色,也表達出對環境的戀戀深情。例如千百年來,藏族把梅里雪山視為神山,禁止登山者進入,就反映了他們敬畏自然的一面。

　　這些少數民族因為山高、水急的天然阻隔,生活普遍都很艱苦。早期的「茶馬大道」是由雲南進入西藏的唯一通道,也是他們與外界聯繫的唯一通路。1950年左右,依茶馬大道建成滇緬公路,但因氣候多變、地形險峻,十分難走。然而在這裡生根的少數民族,卻十分安居,不但保有自己的民族特色,也與其他族和諧共存。

　　傈僳族中的「黑傈僳」,生活在怒江兩岸向陽的台地上,人數約20萬,是怒江地區人數最多的民族。他們住的是木造的雙層干欄屋,下層養牲畜,上層住人,種植玉米、芋頭等食物,飲食簡樸;偶爾也狩獵、捕魚。他們樂觀、豪情,平日笙歌不絕,音樂彷彿就是他們困頓生活的精神依靠。

　　怒族包含「阿龍」、「阿怒」與「怒蘇」等支族,是怒江最早的住民,多居住在1500～2000公尺的山腰上,人數約兩萬多。他們形容自己居住的地方是「岩羊無路走,猴子也發愁」,艱險可知。

　　和怒族有親緣關係的獨龍族人數只有五千多,生活在獨龍江流域的深山,與世隔絕;一年中有半年的時間,因大雪封山,交通更加阻絕。且因山中平地甚少,住屋都蓋在懸崖峭壁上,生活的艱困超乎想像。儘管如此,這些高山子民依然樂天奮發,保有淳厚的民風。見他們以驚人的毅力在大自然中奮鬥求生,不由令人肅然起敬。

穿著傳統服裝的傈僳族孩童。近年來,他們與外界往來頻繁,平常衣著打扮與一般漢人兒童沒有兩樣,每逢過年過節,才穿起傳統服裝,衣服因此看起來還很新。

海洋生態奇觀——

大堡礁

Great Barrier Reef

大堡礁

澳　洲

坎培拉

地　　點：澳洲東北昆士蘭州海岸

簡　　史：海面曾有多次下沈、回升的紀錄，海底山脊上覆蓋著石灰岩層，石灰岩層上又堆積著將近2000萬年的珊瑚礁，珊瑚礁不斷擴大，約在6000～7000年前，形成目前的規模與形態。1975年澳洲政府成立大堡礁海洋公園管理處，負責維護管理

規　　模：長約2000公里，寬50～260公里，面積約35萬平方公里，包括2800多個珊瑚礁及900多個小島

特　　色：世上最大、保存最好的珊瑚礁群，良好的海中環境，孕育出種類極多的動植物；海島上則有數百種海鳥及珍稀動植物棲息。兼具自然保育、學術研究、漁業經濟及休閒觀光價值

列入世界遺產年代：1981年

大堡礁海域蘊藏著無數的生命奇蹟，吸引人們
紛紛前來探奇。（左圖）
漂亮的小丑魚與搖曳生姿的海葵，都是大堡礁最常見
生物。（右圖）

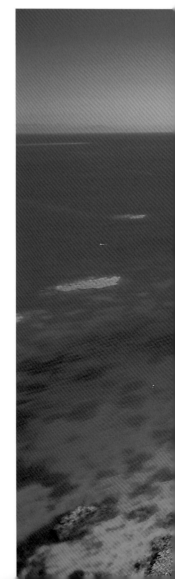

約克角

太

大

蜥蜴島

昆

凱恩斯
Cairns

平

當奎島

士

地磁島 Magnetic Island

湯斯維爾
Townsville

堡

蘭

海曼島

哈密頓島

州

洋

Queensland

大凱培島 Great Keppel Island

礁

蒼鷺島

N

艾略特夫人島

大堡礁分布圖

每年三、四百萬遊客湧進澳洲大堡礁，他們或釣魚，或潛水，或右手一支長棍，左手一個黃色塑膠長桶，在專業導遊的帶領下，在淺海的珊瑚礁上觀察岩縫中遊走的海中生物。這裡還看得到各式各樣、成千上萬的海鳥，甚至還有大海龜和鯨魚。海底更是花花世界，一、兩千種奇形怪狀的魚類游來游去，幾百種像花又像羽扇的珊瑚飄盪招展。這一片浩瀚的海域堪稱世上最壯闊的自然奇觀之一，處處充滿令人驚奇不已的生命奇蹟。陸上的自然奇景不少，如果想再看看海上生態奇觀，大堡礁必然是第一選擇。

世上最大的生物構築體

大堡礁並非一塊大礁石，而是澳洲昆士蘭州外海的廣大珊瑚礁海域。這裡原是熱帶海域，海面曾經多次上升、下沈過，有著大面積的大陸棚，大陸棚的底層是海底山脈的山脊，山脊上覆蓋著一層石灰岩層。海域中最古老的珊瑚礁估計已有1800萬年歷史，極其古老；不過現有大堡礁的規模與形態，卻晚至大約6000～7000年前才形成。

北起澳洲大陸東北角的約克角（Cape York），其北與巴布亞紐幾內亞僅一海之隔，南到艾略特夫人島（Lady Elliot Island），總長約2000公里，寬50～260公里，面積35萬平方公里，約當10個台灣那麼大。整個海域包括2800多個大、小珊瑚礁及900多個小島。

珊瑚礁小的不及1公頃，大的超過10萬公頃，而且形狀各異：大塊的珊瑚礁在大陸棚邊緣延伸，形成一道堅實的防波堤，稱為「堡礁」；有的沿著大陸或大陸島的邊緣，積成形如裙襬般的「裙礁」；也有的像個橢圓形平台，就稱之為「平台礁」；小塊一點的則成串分布在海上，有如一條長帶，稱為「帶狀礁」；還有300多個由細小的珊瑚沈積物和貝殼、砂石堆積成的低矮「珊瑚灘」。不可思議的是，規模超過任何生物構築體的珊瑚礁，卻是由微小的珊瑚蟲慢慢生長、擴大地盤，死亡後奉獻出自己的骨骸，一點一滴堆積構築起來的。

在澳洲昆士蘭州外海的大堡礁，呈南北狹長分布；於總長達2000公里的海域中，散布著2800個大大小小的珊瑚礁，以及900多個小島。這是世上最大、保存最完好的珊瑚礁群。放眼望去，藍天碧海，不但風光綺麗，且海洋資源極其豐富。

珊瑚必須生長在陽光充足的地方，因此多分布在淺海地區。在大堡礁海域，靠近陸地或海島邊緣，經常可以看到成片的珊瑚礁。（右圖）。發育良好的珊瑚礁則布滿樹枝狀、鹿角狀的石珊瑚。（上圖）

　　珊瑚蟲是一種構造十分簡單的腔腸動物，不到1公分的半透明身體，只有腔體、口部及口外的觸手三個構造。其習性接近水母或海葵，會利用自己觸手上有毒的刺絲胞，捕捉小甲殼類或小海生物吃，算是肉食動物。珊瑚蟲雖然很小，但是喜歡群聚成很大的共同體，一起生活、生長。每年春夏，珊瑚蟲排出數量驚人的精子和卵子，精卵在體外結合後發育成實囊幼蟲，幼蟲會先附著在岩床上，然後吸收海水裡的鈣質，轉變為碳酸鈣的骨骼，固定在岩床上成長；成熟後再以分裂或出芽生殖方式，繁衍後代。我們看到的珊瑚，其實都是珊瑚蟲的骨骼。經過無數個世代，成億上兆的珊瑚蟲死後骨骼堆疊在一起，海草、泥沙逐漸填入細縫，經年累月，就成了一塊塊珊瑚礁了。

　　兩億多年前，珊瑚在地球上已生長得很繁茂。目前世界上有六千多種珊瑚，大致可分為軟質珊瑚與石珊瑚（或稱硬質珊瑚）兩種。軟質珊瑚體內鈣質骨骼較少，摸起來是軟的，但顏色繽紛多彩，型態優美，是珊瑚世界最引人的一群，著名的有紅扇珊瑚、網扇珊瑚、棘穗珊瑚等。

　　石珊瑚中也有部分珊瑚，如管叉石珊瑚，顏色豔麗不亞於軟質珊瑚。但牠們與軟質珊瑚都不是珊瑚礁的造礁功臣，珊瑚礁的造礁生力軍是石珊瑚，因此也稱之為造礁珊瑚。整個大堡礁共有350種以上的石珊瑚，體內含鈣的成分多，非常堅硬；而且因為大都與藻類共生，藻類提供給牠們足夠的氧氣和營養，因此生長快速，常迅速的生長成一大片樹枝狀、鹿角狀、波浪狀的茶色或褐色的珊瑚群。其中軸孔珊瑚生長速度尤其快，數量也最多。

　　珊瑚蟲對生長環境很「挑剔」，必須有充足的陽光，並且在乾淨、有一定的含鹽度和含氧量、水溫18～30℃的海水中才能生存。因此，珊瑚礁多見於能被陽光照射的淺海地方，水深在15～30公尺之間。大堡礁的珊瑚礁分布在距離海岸30～200公里處，有一些深達數百公尺，據達爾文的解釋，這是因為海岸逐漸下沈的結果，這些深海的珊瑚礁在千百萬年前原本還是構築在淺海中的。全球許多地方都有珊瑚礁，像台灣東北角、墾丁、台東、蘭嶼等都可見到，大堡礁則是全球最大且保存最好的珊瑚礁群。

繽紛的海底花園

　　大堡礁的礁岩洞窟與縫隙很多，最適合各種生物覓食與躲藏，是絕佳的庇護所。也因此，同樣面積的海域內，這裡所蘊藏的生機比其他海域多了數倍。這裡有1500種魚類、4000種軟體動物、400種海綿動物、6種海龜（全世界只有7種），還有種類繁多的蝦、蟹、蚌等甲殼動物及腔腸動物等等。一塊如籃球大小的珊瑚礁就有一百多種生物生存其中，其生物的多樣化，只有陸地上的熱帶雨林可比。

　　魚類是大堡礁海中居民最繁茂的一族，馬林魚、蝶魚、鯛魚、鸚哥魚、小丑魚、獅子魚穿梭其間。馬林魚數量最多，蝶魚造型、色彩最豐富，方的、圓的、扁的、長的，什麼形狀都有；藍的、黃的、紅的、紫的，或條紋或班點，簡直無法想像怎麼會有那麼多難以名狀的顏色和形狀。奇特的還不是魚類，這裡還有更多長相怪異的海星、海葵、海蛞蝓、海百合、長硨磲蛤、海螺……在岩縫中爬著、鑽著，煞是有趣。

　　不過，海中也危機四伏，有毒、凶猛的生物同時在這裡出沒。利齒森森的虎鯊、身長五、六公尺的狠角色魟鮫，連老經驗的潛水人都退避三舍。透明的方水母看似無害，一旦被牠那有毒的觸手碰到，輕則重創，重則喪命，是水中最危險的生物之一。還有一種醜陋的腫瘤毒魩，身上長滿惡瘤、刺毛，背上還有一排毒棘；牠靜靜躺在海底，和四周岩塊混為一體，不易分辨，萬一不小心踏到被刺，往往性命不保。

　　儘管如此，居住在大堡礁的生物，大多數彷彿也樂於與其他生物分享這塊樂土，很多都彼此合作共生，有別於弱肉強食的其他海洋生態。據說這裡連鯊魚都不那麼凶暴好食，只要你不惹牠，牠也不會特別攻擊你。有人說，大概是這裡的食物充裕，減弱了牠們的殘暴。

　　真是不可思議！

珊瑚礁是海洋生物的天堂，各種奇形怪狀的魚、貝、蝦、蟹、海葵、海星、珊瑚、海藻等等，都在這裡生活。其色彩之豐富豔麗，勝過陸地任何地方，真是不折不扣的花花世界。（左圖及上圖）

大堡礁海中生物之多，世上少有可比。光是魚類就有1500種之多，從小巧的雀鯛，到大型的馬林魚、凶猛的虎鯊都看得到。潛水客經常遇到各種奇特的魚類，彼此互相瞪視，十分有趣。（後跨頁圖）

就拿藻類與珊瑚蟲來說，珊瑚蟲百分之九十的氧氣和養分，都是向表層共生的藻類取得。每平方公分就有幾百萬個藻類細胞，附著在珊瑚蟲的表層。珊瑚蟲提供住處給藻類，所產生的二氧化碳與氮，供給藻類進行光合作用；而藻類光合作用所製造的氧氣，則供給珊瑚蟲呼吸；而藻類繁殖時，孢子飄在海水中，也成為珊瑚蟲的食物。珊瑚蟲本身沒有顏色，之所以能顯現千變萬化的絢麗色彩，也都是拜寄生的藻類所賜。

有些珊瑚蟲在幽暗的夜海裡，能夠發出螢光。其實那不是螢光，而是因為牠們本身有一種色素，生長在陽光強的地方時，可以吸收紫外線，防止自己與藻類曬傷；生長在陽光較少的地方時，可以把所吸收的陽光再「輻射」出來，供藻類進行光合作用。這真是自然界一種絕佳的天然組合，兩者搭配得天衣無縫。

海裡的植物以數量眾多的藻類為代表，包括與珊瑚蟲綿密共生的藻類。另外還有生長在珊瑚礁上的大型藻類與海草等，牠們與珊瑚礁共同創造出瑰麗而令人驚奇的海底花園，也為珊瑚礁阻擋了海浪侵蝕與沖刷。

生機勃勃的海島生物

大堡礁海底世界固然繽紛萬狀，令人著迷，但是如果不擅潛水，就無緣親睹了。好在海上的自然生態也頗有可觀，觀鳥、賞鯨、尋龜、觀察淺海水中生態一樣令人收穫豐富。每到海龜產卵季節（10月～3月），可以看到成千上萬的海龜從巴布亞紐幾內亞或印尼游來，爬上沙岸扒沙、產卵。眼看小海龜剛孵出後的賣力爬行、海鳥與其他動物毫不留情的捕食、僥倖大難不死的小海龜跌跌撞撞入海的情景，真是驚心動魄。同樣震撼人心的景觀還有6～10月間，千餘頭座頭鯨由南極游來這裡繁殖，鯨群噴水、跳躍、求偶聲頻傳的場面，讓人終生難忘。

這裡的海島植物，以熱帶林為主，而以紅樹林等根系植物最多。其中把砂礁變為茂林的奇蹟，在這裡的珊瑚灘上不斷上演

著。許多原本只是光禿的珊瑚灘,因為海鳥的糞便使砂礁漸漸凝聚,且補充了養分,飛來的種子開始在這裡萌芽、生長,加上充沛的熱帶雨,砂礁逐漸成了熱帶林。羊齒蕨類、馬齒莧、龍葵類、伽羅木等種類眾多的植物,配合海裡的資源,讓這裡的生機倍現。

昆士蘭本土沿岸及海島上,成群的海鳥,包括候鳥與當地的鳥類,在海上飛翔或覓食,是這裡常見的景觀;此外,也能看到食火雞、袋鼠、無尾熊等澳洲國寶動物,以及蜥蜴、鱷魚、松鼠、象龜等動物的精采鏡頭。正因為大堡礁的海裡有充足的生機,讓陸上的牠們也生機勃勃起來。

大堡礁的近千座海島,也處處顯露勃勃生機。全世界共有7種海龜,這裡就有6種(左上圖);有的島嶼熱帶林密生(左下圖);有的如艾略特夫人島,海鳥成群,每到繁殖季節,天上地上,都是海鳥,十分壯觀。(下圖)

夕陽為大堡礁海域染上一抹紅暈，顯得美麗又寧靜平和。這一片海域乃上天賜予的大自然寶藏，比人類歷史還久遠得多，切不可在我們手中遭到破壞。（右圖）

近年因開發迅速及環境汙染，大堡礁也開始有了隱憂。如何兼顧自然保育與經濟發展，成了費思量的難題。所幸澳洲政府處理得當，使二者得以兼顧，成為全球管理珊瑚礁的典範。

生機背後潛藏的危機

這樣生機勃勃的地方，卻仍潛藏著危機。

首先是環境汙染所造成的危機，昆士蘭大片蔗田、農田的開發，取代了原有的濕地。這些濕地是河水入海前的一道天然過濾站，少了這道過濾站，海水受汙染的機會也大得多。城市排放的工業廢水、廚餘與沈積物等會使水質混濁，破壞海中環境，也破壞了珊瑚礁，以致有部分靠海的珊瑚礁已停止生長。

珊瑚白化是海中環境遭到破壞最明顯的現象。所謂「白化」，就是原本色彩斑斕的珊瑚突然變成白色，這往往是珊瑚死亡的前兆。珊瑚的顏色是共生藻類造成的，一旦海底的水溫、陽光、含鹽度起了變化，或是海水過於混濁，共生藻便會「出走」，珊瑚就顯出原本碳酸鈣骨骼的白色。失去了共生藻的珊瑚，也會因失去足夠的養分和氧氣，逐漸死亡。

最近幾十年，數量突然增多的棘冠海星（又稱魔鬼海星）成了大堡礁珊瑚的嚴重威脅。這種大型海星直徑可達80公分，嗜吃珊瑚，吃過的地方，珊瑚立刻變成一片白色，棘冠海星數量一多，珊瑚礁就危險了。但是棘冠海星數量為什麼會突然增加，原因還不完全清楚，為了避免破壞生態平衡，目前只在小範圍內，派潛水夫以人工撲殺方式，消滅部分棘冠海星。

另外，颶風（熱帶海洋氣流所形成的猛烈旋風，包括颱風）也會造成珊瑚礁嚴重的破壞，狂暴的颶風往往將珊瑚礁大片折斷損毀。不過，這種大自然的現象，不但人類無法改變，恐怕也是大堡礁長遠發展過程所不可免的。

澳洲政府為了妥善保護這一片珍貴的珊瑚礁海域，於1975年成立了大堡礁海洋公園管理處（Great Barrier Reef Marine Park Authority）負責維護管理。這是世界上最早的國家級海洋公園之一，也是全球第一座管理珊瑚礁的專業機構。在數百名學者專家及研究人員的努力下，施行許多維護措失。例如不可隨便在這片海域中拋錨，以免破壞珊瑚礁石；遊客餵食的魚飼料統一發放，以免餵食有害食物，傷害魚群與環境；限制魚船捕獲的魚種，並要求魚船裝置衛星定位設備，方便知道魚船的捕魚位置，防止越區濫捕；經過的油輪必須由指派的舵手掌舵，避免觸礁使原油漏出，危及海洋環境與海洋生物等等。其管理完善，方法先進，已成為其他國家的楷模。

健康的珊瑚因為有藻類共生，外表看起來鮮豔漂亮，十分迷人；魚類、海葵等也喜歡在這裡穿梭覓食。一旦海中生態遭到破壞或汙染，這一切都將化為烏有。為避免這種悲劇發生，大堡礁海洋公園管理處施行了各種保護措施，成效甚佳。（左圖及上圖）

⬛ 多采多姿休閒勝地

大堡礁珍貴的自然生態和特殊的海島風光，也成了澳洲重要的觀光資源，每年吸引大批遊人，成為澳洲數一數二的熱門旅遊點，帶來可觀的收入。由於海洋公園管理處管理得宜，大堡礁在發展休閒觀光的同時，還能兼顧自然保育、學術研究和漁業經濟。

大堡礁海域島嶼雖然近千，但已開發的不過一、二十個，有的深具歷史意義，有的則開發為兼有休閒與生態觀察功能的度假勝地。

◆具歷史意義的小島

這片古老的海域早期並非杳無人跡，數千年前，澳洲的原住民澳洲土著就在其中若干小島上生活。考古學家曾在蜥蜴島（Lizard Island）、史丹利島（Stanley Island）、克利夫島（Clifff Island）、克拉克島（Clack Island）等地，發現他們的居住遺址，

英國偉大的航海探險家庫克船長（下圖），曾於1770年駕駛一艘運煤船改裝的「奮進號」（右圖），航行至大堡礁海域。庫克船長是最早到此的歐洲人，儘管航海經驗豐富，在這個暗礁密布的危險海域仍不免遇險，幾乎船毀人亡。

有些遺址還有原住民所繪的岩畫。

　　歐洲人直到18世紀才來到這裡。1770年5月，著名的英國航海探險家庫克船長（Captain James Cook）率隊駕駛奮進號（Endeavour）航行至大堡礁，船隻在暗礁密布的危險海域航行了一千多公里，儘管小心翼翼，船還是碰上了礁岩，頓時裂了幾個大洞，驚濤駭浪中，費了幾天功夫才將危船拖上岸修補。上岸後才發現，原來有一塊很大的珊瑚礁碎片，正好堵住了其中一個大洞，減緩船艙進水，才僥倖逃過一劫。不過，不是每一艘船都有庫克船長的運氣，早期很多船隻在這裡沈沒，據估計，在此處葬身海底的船隻多達千艘。

　　當年英國政府鑒於大堡礁不斷發生沈船事件，於是選定雷尼島（Raine Island）為建築燈塔的地點，作為海上安全航道的標誌。燈塔建於1844年，高19.5公尺，是差遣20名犯人就地取材，採集島上的珊瑚礁石，並由沈船裡打撈一些木料，經4個月築成。雖然不久，又發現了更理想的航道，石塔被廢棄不用，但畢竟曾經有過這樣一番的開拓與奮鬥，仍不免讓人緬懷。

澳洲土著是澳洲最早的原住民，在澳洲大陸已生活了數萬年。數千年前有一群澳洲土著遷往大堡礁一些島嶼上定居，直到現在，有些地方還可以看到其後裔。這是約克角的一位澳洲土著警衛，黝黑的皮膚、灰白的鬚髮，是該族最典型的特色。

◆俏伴度假島

　　哈密頓島（Hamilton Island）是大堡礁最大的度假島，不論人潮或活動都很多，可以打高爾夫球、迴力球、射箭、健行、坐電動小汽車遊島。島上隨處可看到袋鼠、鸚鵡與海鷗等，在「動物公園」（Fauna Park）可以親抱一下無尾熊、可釣釣大魚，還可坐玻璃船到「脈礁世界」（Hardy Reef）觀賞海洋生物，或直接潛游到海裡親覽海裡的奇觀。

　　位於大堡礁最南端的艾略特夫人島面積只有42公頃，但觀光價值卻很高，經常舉辦的活動包括觀星、賞鳥（有5～6萬隻候鳥群集）、尋龜、逛礁、賞鯨、潛水等。海曼島（Hayman Island）位在大堡礁外側，是格調相當高貴頂級的優雅度假島，許多名人、明星，都喜歡到這裡度假。

　　蒼鷺島（Heron Island）可算是大堡礁的縮影，既是遊樂勝地，也是各種鳥類、野生動物、海洋生物的快樂園地。島本身是個森林沙洲，中央有一叢腺果藤樹林，林中約有10萬個燕鷗的窩，隨時可見到燕鷗飛行。另有4萬隻鸌鳥，因為叫聲淒厲，被稱為「嗚咽鳥」；還有本島特產的蝙蝠魚、小海鱔、隆頭魚等，極有欣賞價值。此外，大堡礁最自然原始的當克島（Dunk Island）上的雨林公園，可欣賞到不同種類的鳥類與蝴蝶；蜥蜴島在9～11月可觀賞大馬林魚的生態。各島活動多采多姿，遊人可以各取所需，度過一個愉快的假期。

　　潮來潮往，億萬年來，數不盡的生物一起共享這片海域。牠們各自以不同的方式，繁衍了一代又一代，生生不息。無論是微小如塵的藻類，還是龐然巨大的座頭鯨，每種生物展現出來的生命力，都是自然界的一則奇蹟。目睹了這一幕幕不可思議的生命奇蹟，人們又怎能不驚歎造物的神奇？

大堡礁海上風光迷人，觀光資源豐富。已開發的二十幾個島嶼，有各種休閒設施。浮潛是最常見的海上活動，既可戲水，又可觀察淺海生物（左圖）。島上海鳥眾多，賞鳥也成了頗受歡迎的項目（上圖）。無論海上、陸上，各種有趣又有意義的活動紛陳，任君挑選。

既美且奇的勝境──

優勝美地國家公園

Yosemite National Park

優勝美地國家公園

美　國

華盛頓

地　　點：美國加州，在舊金山以東320公里

簡　　史：遠古，地層的岩漿大量湧出，形成花崗岩為主的內華達山。堅硬無比的花崗岩層，經過三次冰河作用，形成U形峽谷、層疊的瀑布、冰磧湖、巨石等冰蝕地形。1890年設立為國家公園，1906年擴大範圍，成為現在的規模

規　　模：占地約3100平方公里

特　　色：花崗岩冰蝕地形的代表，以巨岩、瀑布、湖泊、巨大的大紅杉林、高山草原景觀等著稱，景色剛柔並濟，既美且奇。境內並有種類極其豐富的動植物

列入世界遺產年代：1984年

翠林、瀑布、花崗岩峭壁，構成了優勝美地的奇景。（左圖）
直入雲霄的大紅杉是優勝美地最出色的巨樹。（右圖）

優勝美地國家公園距離繁華的舊金山只有320公里，這是美國最美麗、最受歡迎的國家公園之一，每年造訪者多達三、四百萬人。境內十分遼闊，充滿原野氣息，壯闊的青山、幽祕天然的翠林之間，點綴著懸崖、巨石、湍流、瀑布、湖泊、溪流等美景，而最引人目光的，則是那些受冰川侵蝕的奇特花崗岩地形。

優勝美地的這些美景與「奇」是分不開的，每每奇中帶美（奇觀四周常有美景搭配），美中有奇（美景之中常出現奇觀），就是這種又奇又美、又美又奇的景觀，讓它魅力長久不衰。

優勝美地峽谷面積雖不大，卻是整座國家公園最精華的地帶，各種美景均匯集於此。從谷地遠眺，四周皆是堅硬、峭直的花崗岩山壁，名聞遐邇的優勝美地瀑布從山石中直洩而下，真是奇絕、美絕。

冰川的大遺跡地

我們就由它奇美的地形看起。

優勝美地位在內華達山脈的西側，這一帶在遠古時期原是一片大海，後來受到大陸板塊撞擊的影響，板塊的底床潛沒，上層相互擠壓，

裡層的岩漿大量湧出，冷卻後形成內華達山地主要地層結構——花崗岩。這是一種經熔岩滲入、冷卻後形成的岩石，主要成分有黑雲母石、石英石、長石等，質地堅硬。之後經過默塞河（Merced River）與涂歐魯米河（Tuolumne River）河水侵蝕，以及風吹日曬雨淋等作用了幾百萬年，形成V形峽谷。

距今25～1萬年前，山脈遭遇3次冰川作用，受到冰川的蝕切。冰川雖然流速緩慢，但因爲挾帶泥沙，蝕切山石的力量更加驚人，就在冰、水、風等作用的通力合作下，質地堅硬的內華達山，經不起三番兩次劇烈的蝕切，V形峽谷被蝕成了U形峽谷，底部的岩層也被蝕切得層層疊疊。更因河流積石阻塞河道，形成數以百計的湖泊。峭直的巨大花崗岩塊、層層流瀉的飛瀑、沈靜如鏡的湖泊、成林的參天巨樹就成了優勝美地的特徵。

優勝美地國家公園廣達3100平方公里，絕大部分是原始荒野，只能徒步健行。僅小部分修建了公路，可通汽車，方便遊客遊覽。其中優勝美地峽谷（Yosemite Valley）就是默塞河谷，是一個冰川作用下的冰磧地，也是花崗岩峽谷地形的典型代表。河谷長約11.5公里，寬約1.6公里，只有 18平方公里，占整個國家公園極小部分，卻是冰蝕奇景的精華地，幾乎所有美景都集中於此。

拔地而起的巨石，使優勝美地充滿陽剛之氣。上尉岩高達1100公尺，險奇無比，所有攀岩高手都想征服它（上圖）。半圓頂上方磨蝕成圓弧狀，側面卻如刀削斧劈，真是鬼斧神工；在夕陽的映照下，尤顯偉壯雄奇。（右圖）

◆雄偉險奇的花崗岩巨石

優勝美地事實上就是一塊巨大無比的花崗岩體，境內處處可見峭拔的花崗岩巨石。其中有一塊高1100公尺，號稱世界最大的單塊花崗岩磐石。此巨石質地特別堅硬，兩邊被冰川大力侵蝕後，留下堅硬的部分，形成陡峭的巨石；遠看形狀很像19世紀美軍上尉的帽子，故名為「上尉岩」（El Capitan），或稱作「酋長石」。正因為它的陡峭與險奇，傳說必須擁有翅膀，或最勇敢的勇士，才有辦法登上；它也因此成為各地攀岩高手最想征服的岩石之一。

面對優勝美地瀑布的靠河處，有一塊高出谷地約2700公尺，像被利斧削蝕去一大半的半圓石，名為「半圓頂」（Half Dome）。這是冰川蝕切的傑作，從岩石上不難看出當初冰川力切山河的氣勢。由於地勢高峭，四周又有秀麗的景色烘托，這裡成為觀賞峽谷奇觀與夕陽、倒映美景的好地方，也是藝術家、攝影好手捕捉完美景象的絕佳所在。

◆瀑布奔騰，湖泊靜寂

山石之外，瀑布也是優勝美地主要的奇景。優勝美地瀑布（Yosemite Falls）是國家公園內最高、最壯盛的冠軍瀑布。瀑布總高將近740公尺，是美國落差最大的瀑布。分為上、中、下三層，上層瀑布高436公尺，名列世界第三高的瀑布；中層206公尺，分流為多層小瀑布，水聲如吼，聲勢浩大；下層瀑布98公尺，每當水花四濺，陽光與水霧產生折射，就會出現難得一見的「月虹」。此瀑布盛大，但會因季節不同而景致有別：春季時分，冰雪融化，白浪分三段滔天而下，氣勢壯闊無比；到了秋天，冰雪漸凝，瀑布相形成為涓涓細流；進入冬日，大雪紛飛，瀑布也凝結成冰柱了。

優勝美地著名的瀑布還有許多，各有風情。進入優勝美地峽谷不久，可以看到一片水霧如幕，這是由190公尺高的瀑布傾瀉時所形成。站在下面，可以感受到山風習習、水幕飄搖的絕妙美景。昔日的印第安人因這裡受地形的影響，山風不小，便稱它為「大風瀑布」；今人則因它經山風吹襲，水幕撩起有如新娘面紗，而稱之為「新娘面紗瀑布」（Bridal Veil Fall）。但是，令人稱奇的是，這層面紗不是輕易可揭的，據說很多人想要一睹面紗後的真面目，每次都被看似輕薄，實際上卻水量驚人的水幕所阻，不得如願。

從默塞河岸的快樂島健行3公里，可以到達隱在山谷中的春天瀑布（Vernal Falls）。此瀑布水量特別大，轟隆巨響下大片水花飛濺而起，形成的水氣將附近小徑蒙上一層輕霧，形成所謂的霧徑（Mist Trail）。在春天水量特別大的時候，在霧徑走上一遭，甚至會渾身濕透。從春天瀑布再往上走3公里，還有一個內華達瀑布（Nevada Fall），這是個高181公尺的瀑布，同樣壯觀。另外，高491公尺的絲帶瀑布（Ribbon Fall）是世界第三高的分段瀑布，精采不亞於優勝美地瀑布。

瀑布也是優勝美地最具特色的美景，境內有多處著名的瀑布，風采各具。春天瀑布以水量大著稱，巨流轟然而下，吼聲如雷，水霧飄飛數里，氣勢極為驚人（左圖）。高740公尺的優勝美地瀑布則是國家公園內最高、最出名的瀑布，也是優勝美地的標誌；這是1915年，早期國家公園的工作人員在瀑布前的合影（上圖）。時隔90年，瀑布依然壯盛，在山石、翠林的映襯下，風姿格外俊俏。（後跨頁圖）

優勝美地的湖泊特別寧靜，尤其這座鏡湖，湖面極平、極靜，映照景物格外清晰，幾與鏡子無異。四周一片悄然，直到活潑的孩童投石湖中，才打破靜寂。

看過了壯闊奔騰的瀑布，如果想要體會什麼是「寧靜」，那就非去看看鏡湖（Mirror Lake）不可。這是昔日冰川沉積的砂石，阻斷坦納亞河（Tenaya Creek）後所形成的湖泊，在國家公園裡類似這樣的湖泊還很多，但都不及鏡湖美。春天是鏡湖最美麗的時候，環山的碧綠、銜天的藍白，完全倒映在波平如鏡的湖水中，清幽寧靜至極，有如幻境。不過，如此美麗的湖泊也有隱憂，受經年累月沙石沉積作用的影響，鏡湖湖水逐漸減少變淺，湖面日益縮小，如今已漸失去湖泊應有的身段；尤其是秋冬枯水期，幾乎只是溪流中一個比較寬闊、不怎麼起眼的凹地罷了。

野生動植物的歡樂土

　　除了優勝美地峽谷等少數地方，國家公園其他十分之九以上的地區，都是山林野地，碧山、幽林、清澗、翠湖都成了各種生物棲息的歡樂土。許多生物的生機在這裡得以存續，數量也在這裡日益增加。據統計，美國百分之七十的野生動植物在這裡都找得到。此地動植物之所以如此豐美，要歸功於內華達山脈特殊的自然條件。

　　內華達山脈地處北半球溫帶氣候區，但由於高拔的地勢，使它由山下攀升到山巔的過程中，又涵蓋了寒帶和熱帶兩種氣候，因而形成多種不同的植物區，如熱帶雨林、熱帶莽原、高山寒漠、高山草原、大紅杉林區等，當然也因此孕育了種類繁多的各種生物。

　　國家公園內共有一千三百多種植物，其中包括三十餘種樹木。美麗的花草遍生山林，例如華沃那岬（Wawona Point）到處都是羽扇豆、扁萼花、杜鵑等野花與稀有的紅穗赤雪藻。涂歐魯米草原（Tuolumne Meadows）位在海拔2621公尺的高地上，號稱「雲端上的草原」，是世上少有而景致優美的高山草原，在盛夏時節，特有的高山野花盛開，滿地錦繡，世上最美的錦鍛也要遜色三分。

　　國家公園近海的山麓，密生著高大的紅檜；高山地帶生長著世上樹齡最長的樹木：刺果松，是名副其實的「樹瑞」。最珍貴的莫過於山地的東、西麓地帶所生長的大紅杉，共有三區，依面積大小分別為馬利波沙大紅杉林區（Mariposa Grove of Big Trees）、涂歐魯米林區（Tuolumne Grove）與默塞林區（Merced Grove）。這些巨杉都是風媒植物，也就是靠風或蜂鳥、蜜蜂、昆蟲等動物來傳播種子，因此可以蔓延成一大片美麗的杉林。

　　面積最大的馬利波沙大紅杉林區，位在海拔1500～2000公尺之間，杉林的巨大叫人驚奇。大紅杉木中含有丹寧酸，不怕蟲蛀；而且因為樹皮豐厚，能久耐火燒，因此比一般樹木具有更強的生命力，棵棵巨大無比，被視為世界最大的植物，號稱「世界

優勝美地境內生長著一千多種植物，其中以巨大的大紅杉最受人矚目。這種大紅杉每株高70公尺以上，世上再沒有比它更高大的植物了，因此博得了「世界爺」的稱號。

爺」。區內就有五百多棵高約75～90公尺的大紅杉，其中樹齡多數已達3000年。著名的「大灰熊」（Grizzly Giant）樹圍寬大，直徑超過10公尺，需15位成人才可以環抱，重達90萬公斤；而有「大樹王」之稱的華沃那隧道樹（Wawona Tunnel Tree），樹身同樣巨大，正因為太過巨大，樹根無法承受，終於在1969年被大風雪擊倒。其他有名的巨樹如「大樹門」，也是名不虛傳，單單它樹下所形成的樹洞，就足以讓車輛通行無阻，人們無不佇足歡賞。

弔詭的是，這樣的巨樹竟似不堪一擊，林中屢見巨樹倒塌，蔚為另一奇觀。其實樹倒與它強盛的生命力無關，卻與它的巨大有關。正因為它樹身的巨大，使樹根相形見小，小則支撐力不足，每遇強風、暴雨或大風雪，就有倒塌之虞。

山林火災是杉林中的另一個奇觀。導致這些山林火災的，並非遊客的不小心，也不是山林守護員的失職、疏忽，而是管理人員為維護大紅杉的生態，有計畫的在林中放的「人工山火」，用意在燒去不良的林木，使大紅杉有較好的生長環境；何況燒後的灰燼，正好可以作為培育大紅杉的上好肥料。

國家公園內的野生動物種類之多，絲毫不比植物遜色，包括有浣熊、長耳鹿、黑尾鹿、美洲郊狼、赤栗鼠、土撥鼠等六十餘種哺乳動物，金鷹、斯台拉鰹鳥、大角梟、藍松雞等兩百多種鳥類，還有十幾種爬蟲動物。熊和鹿的數量尤其多，經常可見。

這些動植物在這裡過著物競天擇的弱肉強食的生活，也有一些與其他生物過著共生、寄生的生活。例如地衣是菌類與藻類共生而成的，菌類為藻類儲存水分，藻類則提供給菌類足夠的養

大紅杉林區巨杉林立，且樹齡超過3000年的比比皆是（左圖）。其中有幾株特別出名，例如這株「大樹門」，在樹幹底部挖一洞，寬可讓車輛暢行無阻，最是壯觀（上圖）。林中則棲息著為數眾多的野生動物，這種北美郊狼經常在傍晚時分出現，動作十分敏捷，當地印第安人有許多關於郊狼的傳說。（下圖）

優勝美地國家公園絕大部分是未開發的原始林，林中各種樹木遍生，不必擔心有人濫砍，樹木自由生長，直到自然倒落（右圖）。林中還生長著各種奇花異草，像這種鮮紅色的赤雪藻就十分獨特。（上圖）

分。奇異的是，地衣可以爬上沒有泥土的花崗岩上生長，去延續它們堅韌的生命；也可以在山區嚴寒或酷熱的地帶，伸展出它們的原始生命。又如熱帶雨林地區的生物，生命交織得非常緊密而繁複，在熱帶叢林的樹上，隨意採擷，就可以發現，上百種昆蟲賴之而生，令人嘖嘖稱奇。

這些素材，讓內華達山脈成為生物課入門者的最佳去處，而美國政府為了保護這些珍貴的自然生態，早做了各種準備。但不可否認的，之前潛在的許多外在因素，如空氣汙染、酸雨等，仍使公園生態備受威脅。幸好當局努力維護，如今威脅減輕了，一片生機盎然。

人類在這裡生息

1萬～3500年間，一支自稱阿瓦尼奇（Ahwahneechee）的印第安人，首先來到這裡定居，是此地最早的原住民。當時整個山區仍是荒煙一片、杳無人跡，印第安人的人口簡單，生活十分單純。我們對這群最早的住民所知有限，只知道到了七百多年前，印第安人的生活已有極大的改變，並不全然隱匿在山林裡。夏季時，河谷地帶會出現一些較長久的印第安聚落，以便和鄰近的其他部落交換物品，例如用漿果、橡樹子，甚至弓箭或籃子，交換鹽、松果或昆蟲的幼蟲等美食；一旦冬天來臨，他們又會回到山丘西麓一帶去。

這個世外桃源一直到19世紀，瘋狂前來淘金的白人，才擾亂了印第安人原有的平靜生活。1849年，印第安人突擊幾處淘金礦區，兩年後，圍剿印第安人的美軍馬利波沙軍團（Mariposa Battalion），意外發現了這塊美得驚人的山地。他們取用當地印第安族名「優勝美地」做為山谷的名字，正式揭開山谷神祕的面紗。

之後經過自然保育人士的多年奔走，1864年，美國政府將山谷與馬利波沙大紅杉林區作為加州的「讓渡地」，供為人們休

自然保育的先驅——約翰·穆爾

優勝美地能成為國家公園，要歸功於自然保育人士的努力，其中居功厥偉的首推約翰·穆爾（John Muir，1838～1914）。

約翰·穆爾祖籍蘇格蘭，11歲隨父母移民美國。從小在鄉下農場長大的他，自幼即十分熱愛大自然。年輕時，一度想要進行一次石破天驚的「千里大縱走」，意想天開的想由威斯康辛州自己的牧場，走到南美洲的古巴。這個計畫中途因他生病而被迫告吹，醫生甚至宣佈他只有幾個月的壽命可活。

受到打擊的穆爾，於1860年代轉往加州。那時的加州還是尚未開拓的「西部」，到處是遼闊、杳無人跡的荒野。他是最早進入優勝美地的白人之一，這裡壯麗的景色深深吸引著他，於是便住了下來，在荒野中過著簡樸的生活。

當時世人並無自然保育的觀念，人們看到這一片遼闊無比的豐美土地，只想如何趕快開墾利用；拓荒墾地是英雄，

征服大自然是天經地義，沒有人想過大自然也需要保護。唯有穆爾等極少數自然主義者高瞻遠矚，不斷呼籲人們擁抱自然、愛護自然。他曾爬上30公尺高的樹顛上，去感受暴風的威力；只帶著麵包和水，在山谷裡健行好幾個星期，以證實人類與自然能和諧相處。他反對濫砍森林與隨意放牧，譴責這是一種掠奪行為；他認為大自然不僅僅只是生態環境，還是人類精神的依託。自然保育不只是保護地球的自然資源，也為萬物及人類保存了生命的泉源。

他的呼籲漸漸受到重視，終於促使美國國會於1890年通過，在優勝美地設立國家公園。1892年，穆爾組織了一個名為「山社」（Sierra Club）的組織，推廣他的理念，帶領人們走進自然、感受自然的美好，是美國推廣自然保育最重要的民間團體。

穆爾擁護自然的名聲不脛而走，成為美國最著名的自然保育人士。1903年，當時的美國總統西奧多·羅斯福還曾慕名親自到優勝美地拜訪他。那次的拜訪，羅斯福總統看見穆爾與居住環境互相協調的一面，使他日後對自然保育有了定見與熱情，在他任內設立了5900萬公頃的國家森林區及多個野生動物保護區。

1903年，西奧多·羅斯福總統造訪優勝美地，與約翰·穆爾（右）合影。優勝美地得以設立國家公園，他們兩位是最大功臣。

穆爾的保育工作雖然卓然有成，卻也有遺憾。舊金山政府申請在優勝美地國家公園內的涂歐魯米河興建水壩，此舉會將園內雄偉的哈奇哈奇山谷（Hetch Hetchy）淹沒，穆爾堅決反對，但羅斯福總統還是批准了水壩興建計畫。興建案於1913年通過，穆爾極度失望，於1914年聖誕節與世長辭。

此事促使後繼者更加積極推廣保育觀念，並說服美國政府籌設更多的國家公園和自然生態保護區。如今每年千千萬萬的人們走進大自然，在山林中修復疲憊的身心與性靈；穆爾最鍾愛的優勝美地，也成了最受美國人歡迎的國家公園。人們終於深刻體會出他所說的：大自然是生命的泉源，沒有了大自然，人類也將失去生命的依歸。

閒、度假之用，強調永不可轉讓他用，成爲美國第一座受聯邦政府保護的自然保護區。又經過約翰‧穆爾（John Muir）等人的催生，26年後，於1890年設立優勝美地國家公園；1906年，擴大國家公園的範圍，並合併當初讓渡給加州的部分，成爲目前所見的規模。

目前國家公園內還設立了「優勝美地開拓先驅歷史中心」（Pioneer Yosemite History Center），以國家公園過去的開發史爲主題，聚集了許多古建築，包括住所、驛馬站、馬車、鑄鐵鋪、監獄、墓地等等，活靈活現的訴說著公園歷史，走在其中，彷彿回到了百年之前。遊客服務中心的左側另設有優勝美地博物館（Yosemite Museum），館內展出各種有關優勝美地的人文、自然背景資料。館外有一座印第安村落遺址，是根據考古學及民族學資料復原的，村子裡有印第安人簡陋的住屋、他們的工作場所等等。

優勝美地的奇與美，任誰也不願錯過。據統計，在19世紀末，國家公園剛設立之初，一年只有四、五千名遊人，如今卻每年湧進三、四百萬遊客，成爲最受美國人歡迎的旅遊勝地之一。吸引遊客的魅力所在，除了前述各種特殊的自然景觀與豐富的生物資源外，多樣的休閒活動，如攀岩、登山、泛舟、釣魚、乘滑翔翼、騎馬、健行、露營、賞鳥、攝影、騎腳踏車等，也增添了許多吸引力。人們在這裡流連、倘佯，盡情享受大自然的美好。一百多年前，自然保育先驅約翰‧穆爾極力宣揚的親近自然的理念，終於在這裡開花結果。

優勝美地也富於人文色彩，在開拓先驅歷史中心，展示了一百多年來的開發史，有許多早期的建築物，讓遊客緬懷先人開發的艱辛（上圖）。更早以前，這裡是印第安人的居住地，考古學家根據資料，復原了印第安人帳棚狀的傳統住屋。（下圖）

地質千層派——
大峽谷國家公園
Grand Canyon National Park

美 國

華盛頓

●大峽谷國家公園

地　　點：美國亞利桑那州、內華達州、猶他州的交界處

簡　　史：6500萬年前，抬升後的科羅拉多高原，受科羅拉多河的蝕切，逐漸形成深切峽谷與裸露的地層，景觀極其壯闊。1萬年前即有印第安人在此居住，1540年西班牙人發現此峽谷，但直至19世紀中葉始受人注意。1908年成立大峽谷國家紀念地；1919年設為大峽谷國家公園；1975年，範圍擴大一倍，成為現在的規模

規　　模：占地約5670平方公里

特　　色：世上最長、最深的峽谷，以高聳的弧丘、方山、深切的峽谷、澎湃的河流與裸露在外的彩色地層著稱，地球十幾億年的地質史均記錄於此

列入世界遺產年代：1979年

大峽谷裸露的地層，將地球歷史一一展露無遺。（左圖）
大峽谷的著名地標──沙漠景點的石砌瞭望塔。（右圖）

大峽谷這個被譽爲「世界七大自然奇觀」之一的大地奇景，在開發之前，它的神祕就迷惑了許多人的心。不曾遊歷過的人，半信半疑聽著去過的人以吹嘘的口吻，述說驚險的經歷；而遊歷過的人，則在壯麗景觀的震撼下，不斷咀嚼它所帶來的餘震。那裡的峽谷神祕得令人難以捉摸；有如千層派的地層，每一層都代表數千萬年的地球歷史。大峽谷的神祕與壯麗，並不是幾句讚歎、幾眼瞠目就可以說明了結的，它蘊藏豐富的寶貴資源，恐怕永遠都細探不完，尤其在地質方面，讓它贏得了「世界最大的地質博物館」的頭銜。

這個頭銜得來不易，得由20億年前說起。那時原本火熱的地球才剛剛冷卻，山脈、河流逐漸形成。到了6500萬年前，現在亞利桑那州的西北部海面，受地球板塊的擠壓，產生劇烈的造山運動，持續百萬年之後，抬升爲高達2400公尺的科羅拉多高原（Colorado Plateau）。2000萬年前再度抬升，高原更加高聳。

科羅拉多高原上原有大、小兩條河流，大河源頭不斷向東北蝕切山石而上，終於在550萬年前與小河貫通，吸收了小河源頭的水，並與小河連成一線，成爲今日水量充盈的長河——貫穿美國西部七大州的科羅拉多河（Colorado River）。

大峽谷給人的震撼難以形容。人們在這裡親眼看到大自然的鬼斧神工，比想像的還神奇千倍萬倍；了解到這是幾十億年地質發展的結果，頓時自覺生命的短暫及渺小（右頁圖）。落日下的大峽谷，尤見輝煌壯麗，格外震動人心。（右圖）

科羅拉多河一現身，就成為切割山谷的「元兇」。河水挾帶沙石奮力的沖刷、蝕切、搬運這片山地，加上風、霜、雨、雪與酷熱、嚴寒的助力，幾百萬年之後，成果輝煌，高聳的弧丘、方山、深切的大峽谷，蔚為奇觀。一、二十層的彩色地層毫無保留的裸露在外，有如一座碩大無比的天然地質博物館。

揭開神祕的彩衣

大峽谷就像一位身著多層神祕彩衣的女郎，彩衣揭了一層又一層，似乎仍藏著無數的謎，遊人因此津津樂道而不疲。

◆撲朔迷離的深切峽谷

大峽谷的溝谷深切，縱橫交錯，宛如迷宮，是所披上第一層神祕彩衣。

占地約5670平方公里的大峽谷，主峽谷呈東西向，全長約446公里。主峽谷以外，還有許多大小不一的分岔深谷與支流峽谷，若連同這些峽谷一併計算，總長達數千公里。峽谷的寬度在6～30公里之間，越向下越窄，最窄處不到1公里，平均深度約1600公尺，最深處達1900公尺，是世界上最深、最長的峽谷。

這個大自然所切割的深谷迷宮，內部撲朔迷離，臨谷者莫不戒慎恐懼。現在河流侵蝕作用還在繼續進行，隨著時間發展，峽谷繼續加寬、加深。從谷底再向下約800公尺，就到達海平面了。大自然的力量驚人，誰也沒有通天本事，能阻斷滔滔洪流進行的切割蝕削。

大峽谷號稱「世界最大的地質博物館」，無論突出如小丘的「地垛」（上圖）或堆積數十層的地層（左圖），都是地殼變動、河流侵蝕以及經過風雨霜雪漫長作用的結果。據研究，大峽谷最底層的岩層有將近20億年歷史，最「年輕」的隱士頁岩層也已有2700萬年之久。地質學家窮幾輩子之力，恐怕也研究不完。

◆考究不完的地質祕史

　　大峽谷的地層裸露、層層相疊，彷彿彩色的地質千層派，是所披的第二層神祕彩衣。

　　大自然的力量與神奇人們一向拜服，它顯然在大峽谷親手大筆揮毫，撰下了這部可以讓無數子民鑽研不輟、讚歎不絕的「世上最精彩的地質歷史書」，書中揭露了大峽谷地層的許多祕史，有著考究不完的地質寶藏。

　　大峽谷的基本構造是紅色的地層，經過抬升、侵蝕、沈積作用，以及受到氣候、溫度變化等多種因素的影響，歷經千百萬年，形成石灰岩、砂岩、頁岩等不同的岩層，總共達一、二十層之多。每一岩層的顏色不同，有淡黃、灰褐、黃色、綠色、紫色、紅褐等色，每種顏色又分別代表著此地某一階段的地球歷史，而岩層上的動物遺骸，就像活標本似的，展示著當時的生物發展情況。例如谷底有所謂的「峽谷基石」，其實是堅硬的黑色

大峽谷靠近沙漠地帶，氣候乾旱，放眼四望，多是一片紅色奇偉的方山或黃沙滾滾的漠地。很多地方罕見綠樹，甚至寸草不生。不過，即使是枯樹也可顯現生命的奇蹟，別有一種堅韌不屈之美。

岩層，岩石上滿布著美麗的紅色大理石紋，有斜紋、曲紋、條紋等，據研究，那是一種已經有17億年歷史的古老岩層；又如紫色石灰岩層，岩層上許多原始貝類、魚類、腕足類的遺骸，證明了3億5千萬年前，這裡曾經是淺海所在；而灰褐色的砂岩層上，有許多沙漠小爬蟲類爬行過的痕跡，證實了這裡曾經是一片沙漠地帶；最上層，也就是距離我們最近的卡巴巴淡黃色石灰岩層裡，輕易可以找到貝殼化石，很清楚的證明了這裡原是從海裡隆升的事實。

縱使炎熱的沙漠，也一樣有旺盛的生命和活潑的生機。谷地經常生長著馬鞭草，五瓣的白色小花，團成花球，給枯黃的沙地帶來些許清涼（上圖）。松鼠也是這裡常見的小動物，時時在樹叢中蹦跳奔竄。（下圖）

◆ 愈見愈奇的生命奇蹟

　　大峽谷錯縱複雜的氣候，孕育出各種生命奇蹟，是所披上第三層神祕彩衣。

　　占地遼闊的大峽谷，谷底與高峰之間，落差約3500公尺，氣候垂直變化大，含括了亞熱帶到寒帶的各種氣候。風、霜、雨、雪與酷熱、嚴寒不僅是形成大峽谷地形、地層的推手之一，也是孕育高原、漠地、河谷等地，千百種動植物旺盛生命力的神奇力量。

　　大體上說，越深入峽谷深處，溫度就越高，氣候也越乾旱。夏季時，大峽谷山上的日夜溫度在2～26℃之間，偶見暴風雨，但平均年降雨量不到700公釐；河流地帶日夜溫度則在23～37℃之間，平均年降雨量不到400公釐；谷底的年降雨量更少，只有180公釐左右。冬季時，山上雖有積雪，但河流地帶幾乎少見飛雪，且降雨量十分豐沛，一部分地區的年降雨量甚至高達5000公釐。

　　由大峽谷的高處向下而行，發現動、植物隨著氣候的變化，而有明顯的差異。例如在高約2700公尺的步道附近，可以看到遍生的白楊樹、針葉林與樅樹，松鼠、野火雞、郊狼、鹿等在林間出沒；北岸的原始高原森林，面積廣闊，冷杉、雲杉等高原樹種齊全。到了西北邊的卡巴巴高原（Kaibab Plateau）一帶，原本寸草不生的漠地，忽變為茂密的松林；漠地上的蜥蜴不見了，替代而出的是林間奔竄的松鼠與鹿。

大峽谷地貌多樣，遊客可以從不同景點欣賞不同地質奇景。這是從莫蘭景點眺望峽谷，近處淺黃色的岩塊，正是峽谷最上層的卡巴巴石灰岩（Kaibab Limestone）地層，已有2億5千萬年歷史。（後跨頁圖）

若再往下行，可以看到山桃木、杜松等耐寒耐乾的植物，逐漸取代了白楊和針葉林。下達1500公尺的高度時，樹木又為灌木和仙人掌等所取代，沙漠大角羊、野兔、蜥蜴與為數不少的跳囊鼠等動物，奔竄其間。600～900公尺的高地，觸目所及都是蠟燭木和仙人掌等。

最後到達氣溫有時將近50℃的谷底，這裡只見少數沙漠植物，置身其中，不禁口乾舌燥，頭昏目眩，這時若看到沁涼的水泉，那就像沙漠找到泉源一樣珍貴。科羅拉多河充沛的水量，是這裡一切生命的泉源，賴以為生的動物在林野竄動；其他水源或由石縫滲出，或由地底冒出，讓一些乾旱少雨如同漠地的河谷地帶，免受煎熬。青綠的柳樹、楊樹在水流處遍生成蔭，蒼鷺、青蛙、海狸等非沙漠地區的動物也在這裡生長，牠們共同仰賴這條生命之源，並齊奏著喜悅之歌。

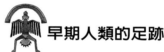 **早期人類的足跡**

人類也在這裡生息。就像美洲其他地方一樣，大峽谷最早的原住民也是印第安人。大約1萬年前，就有印第安人在此活動，但是除了發現極少數的箭鏃遺物，我們對這群最早的住民幾乎一無所知。約4000～5000年前，一群印第安沙漠遊牧民族來到這裡，考古學家發現他們利用峽谷生長的柳條編成各種動物形狀，並且小心安放在岩洞中，推測可能是當時舉行的某種狩獵儀式中所用。

約2000年前，一支自稱為阿那薩其人（Anasazi）的印第安族，在這裡過著農業生活，並逐漸形成聚落，是大峽谷著名的印第安文化之一。當時另一支普布洛（Pueblo）印第安人也在這裡，以耕種、採集與狩獵為生，並在岩層下方或隙縫間建造石屋，這種地下石屋，兼具居住蔽身與儲物的雙重功能。不同部族之間時有來往，彼此交換農產品、手工製品和其他物資。到目前為止，考古學家在峽谷中隱密的角落，發現了將近三千個印第安

數千年前，就有許多支印第安人在大峽谷一帶居住，是此地最早的原住民。現在仍有不少他們的後裔生活在幾個印第安保留區內。這是20世紀初，當地荷匹印第安人的石屋（上圖），及族中勇士跳傳統祭典舞蹈的情形。（下圖）

人的居住遺跡，還有兩個舉行儀式的大地穴。但由於材料不足，關於早期印第安人的生活，仍有許多難解之謎。

　　印第安人世世代代在此居住，白人來了之後，他們的生活和文化都飽受威脅。後來美國政府為了尊重印第安原住民的權益及方便管理，在大峽谷設立了那瓦荷（Navajo）、哈瓦蘇培（Havasupai）、華拉培（Hualapai）等幾個印第安保留區，讓印第安人能繼續在這片原屬於他們的土地上生活。大峽谷一帶至今仍是美國印第安人數最多的地區之一。

如烈熔燒過的火紅大地，讓大峽谷越顯奇偉壯麗。看似一片荒涼炙熱，事實上其中仍蘊藏著豐富的生命。這裡生長著各種動植物，也有許多印第安原住民在此安家落戶，延續了一代又一代。生命在這裡是剛強的、是堅毅的，就像這片火紅的大地一般。

想要進一步了解此地的印第安文化，不妨到大峽谷國家公園南岸東線的圖希安（Tusayan）印第安遺址參觀。這是普布洛人800年前的村落廢墟，估計當時這個小村約有30位居民。遺址旁邊設立了一個小型的圖希安博物館，很有系統的介紹了史前人類在大峽谷的生活史，並陳列了很多印第安古文物，包括工藝品、陶器、雕飾品等。

歐洲人則遲至1540年才發現大峽谷。當時有位西班牙人科羅拉多（Francisco Vásquez de Coronado），爲了尋找傳說中的「席伯拉七古城」（Seven Cities of Cibola），率了一群人馬來到附近。他手下的一個小隊長卡地納斯（García López de Cárdenas）在一位荷匹（Hopi）印第安人的引領下，到達大峽谷的南線，成爲世界上第一批看見大峽谷的歐洲人。但是當時他們的目的是尋找黃金，對其他事物不感興趣，因此並未深入探索。事隔三百多年之後，一位名叫約翰·衛斯里·鮑威爾（John Wesley Powell）的美國地質學家，率領一支探險考察隊，於1869年及1871～1872年兩度沿科羅拉多河深入大峽谷探險。回來後發表了大量關於大峽谷的地質、水文、氣候、動植物的資料，大峽谷才逐漸受到重視。後來，西部逐漸開發，鐵公路交通也日益發達，加上畫家、攝影家的作品推波助瀾，吸引了越來越多的人到大峽谷一探究竟，當地的旅遊事業也應運而生。

1908年，在美國總統西奧多·羅斯福的支持下，大峽谷被列爲國家紀念地（National Monument），1919年更進一步，設立國家公園，予以妥善的保護；1975年更將範圍擴大成現在的規模。羅斯福總統曾經說過，大峽谷是每個美國人都該親眼目睹的偉大奇觀。事實上，不僅美國人，世界上任何人看到大峽谷，都同樣深受震撼，它的價值早就超過了國界。1979年，大峽谷列入世界遺產名錄，永受世人保護珍惜。

大峽谷雖然亙古即已存在，卻遲至19世紀才廣爲人知。美國地質學家鮑威爾克服萬難，兩度沿科羅拉多河漂流，深入大峽谷探險。這幅早年的版畫，生動描繪出當年鮑威爾勇渡急流的驚險情形（上圖）。現在，遊客站在絕壁頂端，向下俯視蜿蜒流過的科羅拉多河，遙想科學家當年的冒險犯難，不由敬佩萬分（左圖）。

驚探大峽谷

如今，每年造訪大峽谷的遊客多達五百萬人，除了美國人，還有許多外國遊客，遊美國西海岸的旅行團，通常都將大峽谷列入必遊地點。為方便遊覽，人們以科羅拉多河為界，將大峽谷分為南、北兩岸，各有不同的韻味。南岸因景觀多而集中，容易到達且設備完善，遊人多集中於此，又以大峽谷村為界，分為東、西兩線。北岸僅在夏天開放，交通不便，設備、服務也相對較簡，遊客明顯稀少。整個國家公園共闢有38條健行步道，總長達640公里。絕大多數遊人沿步道觀覽；喜歡冒險刺激的，也可以在科羅拉多河泛舟；乘直昇機從空中俯瞰大峽谷，則另有一種不凡的體驗。

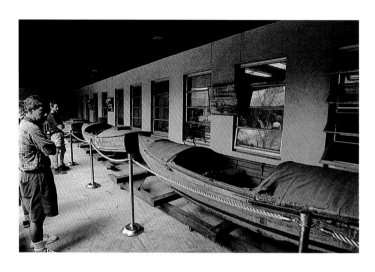

想要多了解早年大峽谷的探險史，可以到大峽谷村遊客中心參觀。這裡展示著當年鮑威爾等人橫渡科羅拉多河所使用的船隻。以如此窄小簡陋的小舟橫越急流，深入蠻荒之地，需要多大的勇氣！

壯闊的大峽谷陽剛氣十足，但是在月光下，卻顯出一種獨特的朦朧與空靈。原來不同時候欣賞大峽谷，各有不同的美，難怪慕名前來的遊人絡繹不絕。（右圖）

◆懷舊氣氛濃的大峽谷村

大峽谷村（Grand Canyon Village）位於國家公園南口入口處，是南岸的中心點，也是多數遊人進入大峽谷的第一站。這裡有國家公園管理處、遊客服務中心、商店、餐廳、旅館，先在這裡蒐集相關資訊，做好遊覽計畫，再前往各個景點，可以事半功倍。事實上大峽谷村本身也是頗值得參觀的景點，村內有許多百年老建築，是大峽谷開發過程最好的歷史見證。其中大峽谷火車站建於1909年，是美國僅存的三座木造火車站之一。自20世紀初第一批遊人乘火車到此，直到現在，仍有不少遊人搭乘火車前來，大峽谷火車站儘管老舊，卻依然精神抖擻的執行著送往迎來的任務。托瓦旅舍（El Tovar Hotel）建於1905年，是帶有歐洲農莊風格的優雅旅館。荷匹屋（Hopi House）根據荷匹印第安人傳統石屋所建，裡面展示著這個原住民的民族特色與傳統手工藝品，還有專為遊客設計、帶有傳統文化色彩的表演節目。

◆精華景點集中的南岸東線

從大峽谷村往東的南岸東線全長37公里，是大峽谷景觀最精華的地段，一向是最熱門的遊覽路線。沿線每一個景點各有特色，例如亞瓦派景點（Yavapai Point），可觀賞夕陽美景與岩層分布，附近設有地質博物館，詳記著大峽谷地質的各種特色；歷史最悠久的大視野景點（Grandview Point），據說就是當年西班牙人發現大峽谷的地方，可以欣賞到大峽谷東、西、北三面雄偉高大的峽谷峭壁；有大片岩石伸向谷中的馬瑟景點（Mather Point），視野遼闊，是觀賞日出霞光在峽谷岩層中變化的好地方；雅基景點（Yaki Point）可以觀賞大峽谷受河水與風雨侵蝕的地貌；麗潘景點（Lipan Point）的地垛分布密集，也是觀賞大峽谷湍流、奇石、險灘的最佳位置；在莫蘭景點（Moran Point）的石灰岩山頭，則可觀賞到大峽谷排列在最上層的卡巴巴石灰岩地層。

東線最後一站是沙漠景點（Desert View），距離大峽谷村已

東線最後一站沙漠景點視野遼闊，是欣賞彩繪沙漠及科羅拉多河的最佳地點。尤其登上五層高的瞭望台，沙漠奇景一覽無遺（下圖）。此瞭望台仿當地印第安傳統建築而建，內部並繪有許多印第安壁畫，洋溢著濃濃的民族風。（上圖）

有40公里之遙，再往東就是沙漠了。但是如果從國家公園東入口進入，第一個看到的就是這個沙漠景點。科羅拉多河的河道原本向南，到了沙漠景點一帶忽然折轉向西。景點上的瞭望台（Watch Tower）於1932年模仿印第安瞭望用的塔樓而建，台內牆壁上繪有各種印第安壁畫。台高21公尺，共有5層，築有環形樓梯，是觀賞大峽谷彩繪沙漠（Painted Desert）、沙漠岩壁、轉彎壯闊河道的佳地，更是大峽谷著名的地標。

◆騎騾深入谷底

從大峽谷村西行，就進入西線路程，要健行、騎騾或搭免費巴士都行。荷匹景點（Hopi Point）是西線中途的主要景點，在這裡除了可觀看到河谷最寬地帶的寬闊景致、宏麗的日出日落美景之外，還可以觀賞到圓錐形的地垛山。這種地質景觀因形狀有如東方廟宇的屋頂，人們就戲稱為「廟宇」（temple）。西線最西端一個景點名為隱士居（Hermit's Rest），據說當年有加拿大隱士在此建石屋隱居，故名。附近鳥類特別多，還有一條隱士步道可供健行。

西線最吸引人的還不在這些壯麗的景觀,而是騎騾深入谷底的刺激旅程。這種特殊的遊覽方式在20世紀初即很風行,是當地一位腦筋動得快的礦工約翰‧漢斯(John Hance)首創的,他也因此成了大峽谷著名的導遊,關於他的傳奇故事,至今仍讓人津津樂道。騾子體型小、吃苦耐勞,頗適合這種酷熱崎嶇的路段。遊客一人一騎,沿著輝煌天使步道(Bright Angel Trail)慢慢下到谷底。此步道全長約10公里,從起點到谷底垂直距離將近1360公尺,需要一整天時間,才能到達谷底的下榻處魅影農場(Phantom Ranch)。沿途可欣賞峽谷的各種壯觀的地層景觀與風化的地貌,是親炙大峽谷最佳方式。不過,越深入谷底,氣溫越高,加上騎著騾子一路顛簸,對不擅野外活動的人也是一種考驗。

騎騾深探大峽谷雖然辛苦,卻是相當獨特的遊覽方式,值得一試。首創這種方式的約翰‧漢斯,早在20世紀初就親自帶隊,當時還是挺時髦的玩法呢(上圖)。如今,遊客一樣騎著小騾,循著先人的足跡,搖搖晃晃下到谷底。(右下圖)

◆人氣冷涼的北岸

相對於人氣旺盛的南岸,大峽谷北岸人潮顯得冷清稀少得多。一方面是因為北岸比南岸高出約600公尺,進入北岸腹地的小徑崎嶇難行;另一方面則是這裡每年從10月底到次年5月中,足足有半年的時間被大雪封閉,遊人自然少了許多。但就景觀的

壯麗而言，北岸地形的壯闊高峭，顯然勝出南岸許多。

　　由南岸東線的雅基景點沿卡巴巴步道可以來到北岸，雖然沿途景觀開闊，但路途漫長又崎嶇難行。一般人遊北岸，都會直接來到大峽谷山莊（Grand Canyon Lodge），以它為觀覽的起點。山莊東南有一條長35公里的皇家岬路段（Cape Royal Road），這是北岸的主要道路，一路都是蒼翠的林木，景色特格外宜人。路段最北端有一帝王景點（Point Imperial），海拔2684公尺，是南北岸各景點最高的一處。從這裡遙望，甚至可以看到科羅拉多河東邊的那瓦荷印第安人保留區。

　　凡來過大峽谷的，無不深受震撼，感動莫名。面對大自然的鬼斧神工，再有權勢、再叱吒風雲的人物，都只能自覺卑微渺小。億萬年的地球歷史，這樣一層層、清清楚楚展現在眼前，人類短短數十年又算得了什麼？站在這裡，才知道什麼是天寬地廣；什麼是謙卑、包容。

北岸因崎嶇難行，交通不便，且大半年為風雪所封，遊客明顯稀少，顯得空疏。不過其特殊的高原景觀仍頗有可觀。如果想避開人潮，看一看不一樣的大峽谷，感受原始大地的蒼茫，北岸倒是很好的選擇。

揭示生物演化的大奧祕——

加拉巴哥群島

The Galapagos Islands

基多
加拉巴哥群島
厄瓜多
南美洲

地　　點：南美洲厄瓜多西邊的太平洋海上，
接近赤道，距厄瓜多本土970公里

簡　　史：500萬～3萬年前，附近的海底陸續
發生火山爆發，噴出的岩漿冷卻後，
陸續形成許多島嶼，各島地形特徵不
同，生物為適應環境，演化成
各種不同品種

規　　模：由19個大小島嶼及107個
小礁石組成，總面積7844平方公里

特　　色：各島的生物各自演化出不同的品種，最
著名的有象龜、鬣蜥蜴、熔岩蜥、達爾
文雀等。1835年，達爾文在此採集標
本、仔細觀察，進而發現了生物演化的現象，對生物界及其他領域影響甚鉅

列入世界遺產年代：1978年

加拉巴哥群島貧瘠荒涼，景觀平淡，卻隱藏著生物演化的大祕密。（左圖）
長相醜陋可怕的海鬣蜥，是加拉巴哥群島最令人難忘的生物。（上圖）

群遠在南美洲以西、太平洋上的離島，距離厄瓜多（Ecuador）本土將近千里之遙，一向杳無人煙、貧脊如荒漠。怎麼也沒想到，一齣齣自然界的神奇造化，卻在這裡默默上演。生物演化的大奧祕就在這裡揭示出來，一位劍橋畢業的年輕博物學家達爾文發現了這項大祕密，生物界既有的知識被徹底推翻，人類的視野從此完全改觀。加拉巴哥群島因此舉足輕重，列入世界遺產名錄理所當然。就讓我們回到170年前，隨達爾文登上群島，看看這裡到底藏了些什麼驚人之物，達爾文又是如何揭開這個大奧祕的。

加拉巴哥群島孤懸在南美洲西邊的太平洋上，遠離航道，人跡罕至（下圖）。1835年，年輕的達爾文（右下圖）搭乘小獵犬號（右上圖）來到這裡考察，生物界的驚人大發現就此展開。

達爾文的加拉巴哥之行

1831年，英國海軍派遣小獵犬號（The Beagle）作環球航行，主要任務是測繪南美洲海岸線地圖，附帶考察生物。當時的船長是年輕的海軍軍官費茲羅伊（Robert FitzRoy），他是一位虔誠的基督教徒，貴族出身，正想透過科學的方法，證明《聖經》所載有關〈創世記〉開天闢地的傳說，因此希望有博物學家同行。英國劍橋大學的植物學教授亨斯羅（John Stevens Henslow）知道後，極力推薦他的學生查爾斯·達爾文（Charles Darwin）加入。當時達爾文剛從劍橋大學畢業，是個對自然觀察有天生熱誠

且十分敏銳的年輕人。

　　1831年底，小獵犬號從英國普利茅斯港出發，越過北大西洋，再繞行南美洲。沿途其他成員專心測量正確的地理位置，達爾文則忙著採集各種動植物和地質標本，並不停做紀錄、記筆記。這樣航行了將近4年，1835年9月，他們來到南美洲西岸、離陸地甚遠的一個荒僻群島──加拉巴哥群島。這裡已靠近赤道，天氣又乾又熱，崎嶇不平的黑色火山熔岩上，稀稀疏疏長著些枯乾瘦弱的灌木叢，還有一些帶刺的仙人掌。遠方有幾座冒著煙的火山，空氣裡飄著不好的氣味。更讓人作嘔的是，岩石上爬滿醜怪的蜥蜴，吐著舌頭嘶嘶作響；不遠處還有成群的大烏龜，蹣跚笨拙的爬著……。連見多識廣的船員見此狀也忍不住哀歎：「這裡根本不是人間，群魔亂舞，簡直就是地獄。」

　　然而，達爾文卻非常興奮，眼前的景觀是如此特別，到處是從未見過的動植物，不啻一個生物的大寶庫。小獵犬號在群島繞行了一個月，達爾文在好幾個島上進行詳細的調查和記錄，採集了大量標本，包括魚類、貝類、昆蟲、鳥類、蜥蜴、植物、岩石等。這裡的種種見聞，也將影響他的一生。

◆龐然大物──加拉巴哥象龜

　　達爾文最先看到的是大得驚人的烏龜，這是群島最特別的生物之一，體型比一般烏龜大上百倍。

達爾文給其中一隻做了測量，背長135公分、腰圍150公分，仰起頭來，幾乎可到人的胸部，體重估計在200公斤以上。達爾文和助手試著想提起來看看，才知道連翻轉都不可能，更別說想要提得動了。龜背大如桌面，達爾文還好奇的騎上龜背，搖搖晃晃爬了一段路，據他估計，巨龜一小時能爬330公尺左右，真是名副其實的「龜步」。

巨龜正式的名稱為加拉巴哥象龜（Giant Galapagos Tortoise），是草食動物，喜歡吃仙人掌、羊齒植物、樹葉等，有時也吃些地衣來補充食物與水分。渴了就到處找水喝，為適應乾旱的島上環境，象龜體內能儲存大量的水分，每遇到水泉就痛飲個夠。達爾文這樣形容：「巨龜把頭伸進水裡，連眼睛都沒入水中，貪婪的大口大口猛喝。」喝飽後，可以一個月不渴。有些象龜生長在沒有足夠植物的低窪地，為了可以抬頭搆到較高的食

加拉巴哥群島是海底火山爆發的產物，島上到處可見火山遺跡。這是最大島伊莎貝拉島上的一個火山口，現已聚水成湖。

物，脖子逐漸變長，牠們的龜殼前部高高隆起，以便長脖子可以伸縮自如，四肢也較長：生長在高地的象龜，有充足的植物，可以隨時在地上找到食物，脖子也就沒什麼變化，龜殼也保持圓弧狀；生長在高、低地之間的象龜，龜殼的變化也在兩者之間。夏季時，低地的象龜會移往山頂避暑；到了雨季，才又回到低地。

當初群島上的象龜很多，經常一隻接一隻慢悠悠的在島上閒晃。牠們幾乎沒有天敵，壽命很長，可以輕易活過百歲。唯一的天敵就是人類，當時有一些捕鯨船經常來此做補給，美味的象龜就成了他們最好的新鮮肉品來源。達爾文曾在岸邊看到成堆的龜殼，正是水手吃完丟棄的。

◆醜陋卻溫和的鬣蜥蜴

群島上另一種到處可見的動物是鬣蜥蜴。在海邊活動的稱做海鬣蜥（Marine Iguana），全身鱗皮漆黑且有背刺，身長約1公尺左右，嘴巴闊闊，尾巴長而扁，長相十分猙獰，有如小型的遠古恐龍。達爾文形容牠們是「面目可憎，動作蠢笨遲緩的黑小鬼」。海岸邊經常聚集著上千隻海鬣蜥，一有人經過，就嚇得四處逃竄。

海鬣蜥雖然外貌嚇人，其實個性溫和。牠們主要以海裡的海藻為食，會游泳，能在海中待上1小時，不過牠們寧可趴在岸邊岩石上曬太陽。

另一群在陸上活動的稱作陸鬣蜥（Land Iguana），牠們是海鬣蜥的近親，大小也差不多，與南美洲大陸的鬣蜥蜴很像，都是外形醜、皮膚粗的動物。但這裡的陸鬣蜥略有不同，肚子為土黃色，背部為棕紅色，性格也較溫馴，不像南美大陸的鬣蜥蜴是綠色，脾氣粗暴。牠們也如象龜一樣愛吃植物，不論是嫩芽、嫩皮、嫩草、種子都吃，吃肥厚的仙人掌時，更是整顆吞下，無視於巨刺的存在；為了飽餐一頓，甚至還能高高攀爬在仙人掌上。陸鬣蜥動作也很緩慢，經常拖著尾巴，貼著地表，慢慢往前爬，還不時停下來休息一會兒。當初群島上到處都是陸鬣蜥，地上滿是他們的巢穴，以致達爾文一行人差一點找不到地方紮營。

碩大無比的象龜是島上最獨特的動物，每隻體重達200公斤以上（下圖）。達爾文當年見了也不免大吃一驚，他的助手好奇的以木棍撬著其中一隻，想看看能否翻轉過來，用盡力氣卻絲毫不能動之分毫。（上圖）

◆敏捷的熔岩蜥

熔岩蜥是群島上爬蟲類數量最多的一種。和鬣蜥蜴的慢吞吞不同，是一群活潑亂蹦、行動敏捷的小東西，在島上隨處竄行。其外表就像平時在野外看到的蜥蜴一樣，體長約13～25公分，喜歡吃昆蟲和植物，喜愛陽光，都在白天活動。各島熔岩蜥看似相似，近觀則發現，無論體型、顏色、大小等，都有明顯的不同。

◆種類繁多的鳥類

爬蟲類之外，加拉巴哥群島還有許多鳥類，如燕尾鷗、鴿子、紅鶴、軍艦鳥、鵜鶘、蒼鷺、老鷹、信天翁、面具鰹鳥、藍足鰹鳥、鸕鷀、雀鳥等。達爾文光是在一個島上，就發現了26種之多，而且全是他不曾見過的。這裡的藍足鰹鳥把巢築在地上而不築在樹上，常成群來到海邊輪流捕魚，這種鳥類罕見的習性，讓達爾文驚訝不已。可能因為島上一向少有人跡，這些鳥類幾乎都不怕人，經常隨意停在人的頭上或手臂上。有一次，達爾文竟然用槍托輕易便將一隻站立枝頭的老鷹打落下來。

群島上海鳥成群，不但種類繁多，而且有許多稀有珍禽。例如有著漂亮銀灰色羽毛的燕尾鷗，只分布在加拉巴哥群島等一兩個地方，十分罕見（上圖）。面具鰹鳥體型大，兩翼展開，可達1.5公尺寬。牠是飛行高手，能飛得又高又遠，喜歡把巢築在山巔、峭壁上。（下圖）

在海邊出沒的海鬣蜥，成群聚在岸邊岩石上曬太陽。當年小獵犬號來到這裡，看到岸邊爬滿這種猙獰的怪物，連船長也忍不住稱之為「惡魔島」。其實這種醜怪的生物只是外表嚇人，個性卻溫馴，並不傷人。（右圖）

海底火山噴發的熔岩冷卻後，便形成一個個小島。斐南迪納島是群島中最年輕的，形成最晚，島上熔岩地形也最發達，到處看得到這種黑色火山熔岩。（後跨頁圖）

 揭開演化之謎

經過一個月的辛勤工作，達爾文滿載而歸，甚至還活捉了三隻幼龜，隨船載回英國。回到船上後，達爾文開始整理採集到的標本，赫然發現群島上的多數生物都是獨特品種，與其他地方大不相同。不僅是鳥類、爬蟲類如此，這裡的魚貝類、昆蟲和花木也與別地不同。達爾文繼續觀察，發現每一個島嶼的生物都各自成局，即使兩島相距不過七、八十公里也是如此。例如，各島的象龜龜殼都不一樣，只要看看龜殼，就知道此龜來自哪一個島，絕不會弄錯。各島的鬣蜥蜴也各不相同，共有7種之多。

不同島上的雀鳥，鳥喙也略有不同，以適應該島的特殊環境。粗厚的喙適合啄食植物（左上）；尖細的喙適合啄食昆蟲（右下）；既吃植物又吃蟲子的，就介於二者之間。

最明顯的是雀鳥，達爾文在各島發現了13種雀鳥（後統稱爲「達爾文雀」），外表長得都很像，但喙的長短、彎曲度等，則因各島的環境而有不同的變化。比方，有的鳥喙又厚又硬，適合嚼食島上產的堅硬果核；有的鳥喙較尖細，適合啄食昆蟲；有的略微寬扁，適合食花朵、果實。

他爲這種現象感到困惑不解，推測這些鳥可能是爲了食取各島不同的植物和昆蟲，引起喙部不同的變化；而且只有產生變化的鳥才能存活下來，久之，就形成不同的種。這由「種」產生「亞種」，或由「種」產生其他「種」的變化，究竟是否與「演化」有關？人類是否也是依照這個法則，從低等動物慢慢演化而來的？這些問題一直在他腦海中盤旋。小獵犬號繼續往南太平洋航行，一路上他反覆思考著這些問題，並積極蒐集資料作爲證明。

隔年，小犬獵號安全返回英國，達爾文繼續做科學研究，並越來越相信生物是逐漸演化而來的。但是這個想法與當時生物學知識嚴重衝突，更完全違反了基督教上帝創造萬物的「眞理」，實在太過震撼，於是他默默放在心上二十餘年，僅有極少數朋友知道此事。一直到1859年，他與另一位有相同見解的科學家華萊士（Alfred Russel Wallace，1823～1913）共同發表了論文，第二年達爾文更出版了《物種原始》（On the Origin of Species by Means of Natural Selection）這本曠世鉅作，詳細闡述生物演化的理論。此書一出，震驚了整個生物科學界，並引領當代的生物科學，進入一個全新的領域。

 ## 群島的過去與未來

由於達爾文受加拉巴哥群島生物的啓示，揭開了生物演化的祕密，從此也讓這個隱沒在地球角落、人跡罕至的群島，一下子名聲大噪起來，成爲生物學家及熱愛自然人士注意的焦點。

加拉巴哥群島是一群孤懸在海上的火山島群，500萬～3萬年前，附近的海底陸續發生火山爆發，噴出的岩漿冷卻後，形成許

海獅也是群島常見的動物，經常成群懶洋洋的躺臥在岸邊，可愛的模樣，十分逗趣。

早年加拉巴哥群島屬於印加帝國的勢力範圍，後來納入西班牙版圖，現在則隸屬南美洲的厄瓜多。這是從一艘飄揚著厄瓜多國旗的船上，遠望群島的一景。遠方突出於海平面之上的，正是群島的著名地標——踢腳石。

多島嶼。島嶼南北延伸約430公里，北端就是赤道。共由19個大小島嶼及107個小礁石組成，因爲歷史因素，各島除了現在通行的西班牙名字之外，有的另有英文名字。比較重要的島，包括面積最大的伊莎貝拉島（Isabela Islands，英文名Albemarle）、第二大島聖塔克魯斯島（Santa Cruz，英文名Indefatigable）、位於最東、小獵犬號首先到達的聖克里斯托巴島（San Cristóbal，英文名Chatham）、達爾文收穫最豐的聖薩爾瓦多島（San Salvador，英文名James）以及地質上最年輕的斐南迪納島（Fernandina，英文名Narborough）等。它們被海阻隔，各自形成獨立而封閉的區域，孕育著獨一無二的生物。目前全島有兩千多座火山，火山活動頻仍，是全球火山爆發頻率最高的區域之一。

各島淡水很少，加上雨量稀少，最初都是不毛之地，既不像赤道上的其他海島那樣椰林婆娑，也沒有任何生物。後來，慢慢的由南美洲大陸隨風飄來一些植物種子，還有一些靠飛行或是隨著浮木漂來的鳥類、爬蟲類和昆蟲類等，在這些封閉的島上各自求生、逐漸繁衍。

群島雖然是跨越赤道的海島，但由於受到祕魯洋流的影響，只有東北部極小部分，其他各島都沒有珊瑚礁的蹤跡。而且，南方的島嶼與北方的島嶼，生態上也有所不同。島上的溫度平均約25℃，高地甚至只有16℃，因此不但沒有熱帶島嶼的特徵，也沒有熱帶常見的色彩艷麗的生物。在這群乾旱的島上，仙人掌卻長

加拉巴哥群島

太　平　洋

赤道 Equator

斐南迪納島

聖薩爾瓦多島

聖塔克魯斯島

聖克里斯托巴島

伊莎貝拉島

N

聖馬利亞島
Santa Maria

艾斯帕諾拉島
Espanōla

得出奇的豐腴，而且種類繁多，例如霸王仙人掌、熔岩仙人掌等，有時遍生成林，是群島上各種生物的主要食物來源。在這樣惡劣的環境下，生物為了適應環境，居然演化成許多的特有物種，讓人不禁要驚歎大自然的神奇與奧妙了。

早期統治這一帶的是印加人，他們可能早就發現了這裡的一些島嶼，但是缺乏確切的史料證明。根據目前已知的記載，最早發現此群島是在1535年。當時有一艘載著西班牙籍巴拿馬主教柏蘭加（Fray Tomas de Berlanga）的商船，準備由巴拿馬駛向祕魯，不料途中遭遇強勁洋流，被迫漂離既定的航線，意外來到這裡。柏蘭加曾派人在島上訪查了一番，發現島上大龜橫行，於是便命名為「加拉巴哥」，在西班牙話中，正是「大龜」之意。他在發給西班牙國王的報告中也曾提到，島上的許多動物一點也不怕人。

1574年，加拉巴哥群島正式登入世界地圖中。不過這個粗黑醜陋，乾燥貧瘠的群島，周圍海流怪異，又離開一般航道甚遠，根本罕有船隻來到。只有海盜在這裡出沒，島上也淪為海盜的賊窩。後來一個英國海盜畫下了加拉巴哥群島的航海圖，並為各島取了名字。沒想到這張航海圖卻引來了歐洲商船和捕鯨船，開始

雖同屬一個群島，各島的地貌及地理環境卻有很大差別。這是位於群島東南角落的艾斯帕諾拉島（Espaóla Island），平坦的地表，長著枯黃瘦弱的灌木（下圖）。此島因阻絕於東南一隅，長久之後，島上的動植物便演化出獨特的樣貌，例如島上的陸鬣蜥顏色極為鮮豔，與其他島嶼的土黃色陸鬣蜥大不相同。（右頁下圖）

為群島帶來破壞。象龜首當其衝,被大量捕殺當作食物。1830年,厄瓜多獨立,加拉巴哥群島劃入該國版圖,並設為一省。初期,島上除了流放的犯人,並無人居。即使現在,多數仍是無人荒島。島上人口自1980年代才迅速增加,目前全島大約有15000名居民,散居在最大的5個島上,主要以從事漁業、農業及觀光業為生。

受到生物學家重視、地質與動植物生態獨特的加拉巴哥群島,於1959年,由厄瓜多政府規畫為國家公園;同年,在聖塔克魯斯島成立國家公園管理局。1964年,英國達爾文基金會也在此成立達爾文研究站,由後代自然學家接續達爾文的研究,可說意義重大。1998年,厄瓜多政府更進一步設立加拉巴哥海洋保護區,將沿海65公里以內的海域一併納入保護。

目前加拉巴哥群島的情況與達爾文當年所見已有很大不同。地理景觀或許變化較小,但是當年生物繁多、彼此平和共處的伊甸園早已不復存在。人類侵入及自然界的天候變化,破壞了原本平衡的環境。當初島上到處可見的象龜、鬣蜥蜴都已瀕臨絕種,象龜14個亞種中,3種已經滅絕,其他的也必須靠人工飼養才能使其存續下去。更不幸的是,2001年1月發生輪船漏油事件,300萬公升的柴油和煤油傾入加拉巴哥群島附近的海面,為海鬣蜥帶來浩劫,原本約有25000隻,因大量死亡,只剩下10000隻左右。

亡羊補牢,猶未晚矣!厄瓜多政府為了讓保護當地的自然生態,嚴格限定到島上參訪的人數,且必須由有執照的生物學家引導,才能在指定路線上參觀。此外,嚴禁遊人攜帶花、水果、種子或其他動物進入,以免破壞了當地的環境。

每年大約有6萬遊客到島上參訪。這裡既沒有黃山、九寨溝的如詩如畫,也無大峽谷、優勝美地的雄偉壯麗,更不像大堡礁的燦爛繽紛。站在這些光禿禿的孤島上,放眼望去,只是一片枯乾貧瘠,有如洪荒世界。然而,生命不但在這裡滋生,還這裡逐漸奇妙變化。最粗醜蠢笨的象龜和鬣蜥蜴、最平凡普通的雀鳥身上,竟隱藏著生命最大的奧祕。僅僅想到這一點,就足以讓人凜然;就值得千里迢迢來到這裡看上一眼了。

達爾文當年來到加拉巴哥群島時,象龜、陸鬣蜥滿地爬,甚至讓他差一點找不到紮營的地方。如今這些動物卻已大量減少,有的甚至瀕臨滅絕,需要靠人工飼育。如何保護這些珍貴的生物不致絕種,已經刻不容緩。(上圖及下圖)

129

達爾文與演化論

達爾文出身良好，家境富裕。祖父（上圖）及父親（下圖）都是名醫。

達爾文隨小獵犬號環球航行達5年之久，沿途蒐集各種動植物及地質標本，並仔細做紀錄。他雖飽受暈船之苦，仍非常努力工作，蒐集了大量珍貴的第一手資料。這是他在智利採集的甲蟲標本圖錄，詳細描繪著各種甲蟲的外貌及不同部位的形狀。

生物界鼎鼎大名的達爾文（Charles Robert Darwin，1809～1882），1809年2月12日出生於英國舒茲伯利（Shrewsbury）。除了七、八歲起就酷愛大自然和戶外活動，對於花草、昆蟲、動物非常有興趣，可以勉強與他的成就扯上一點關聯外，早年的表現其實乏善可陳，與他日後的偉大成就不太相稱。

達爾文雖不是貴族之後，卻來自頗有名望的醫生世家，祖父與父親都是名醫，家境富裕。祖父還是位詩人及博物學家，早在18世紀末就研究過演化的理論，達爾文小時候經常聽到祖父和朋友討論演化的概念，可以說，演化論的種子自小就悄悄埋在他的心底了。

他本來要繼承父親的衣缽，豈料在愛丁堡大學學醫時，鮮血淋漓的場面讓他頭暈目眩，於是成了醫界的逃兵。後來進了劍橋大學，成績老在及格邊緣打轉，勉強畢業後，原本準備去當牧師，機會卻找上了他——一封劍橋大學植物學教授亨斯羅的信，適時扭轉了他的一生。

當時英國海軍小獵犬號正要進行南半球的航行，有意尋找一位博物學家同往，亨斯羅推薦了達爾文。當時達爾文才22歲，剛從劍橋大學畢業，愉快和善、精力充沛，對大自然充滿好奇。小獵犬號於1831年12月27日啟航，展開南美洲海岸地圖的測繪工作。達爾文是船上唯一的博物學家，負責採集沿途發現的生物及地質標本，作為研究之用。達爾文對此行十分期待，不料上了船才發現自己嚴重暈船，並不適合航行。但他並不因此而退卻，努力克服了身體的不適，認真熱切的工作，絲毫不負他的任務。

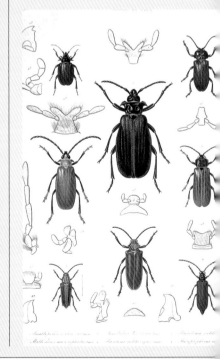

小獵犬號在海上航行了5年，繞行整個南美洲海岸，到過巴西的熱帶雨林、南美洲南端的火地群島、阿根廷的彭巴草原、安地斯山脈、加拉巴哥群島等地。最後一年又越過太平洋，來到大溪地、紐西蘭、澳洲，然後經印度洋、非洲好望角，於1836年10月2日返回英國，圓滿達成任務。

達爾文此行採集了大量標本，包括古生物化石、成千上萬種動物、植物和岩石、土壤標本，並記了無數的筆記。回到英國後，達爾文立刻埋首於這些資料的整理和研究工作，1839年首先出版了《小獵犬號航行誌》（Journal of Voyage of the Beagle），此書不但是翔實的科學調查研究報告，還是充滿異國情調的旅行冒險故事。出版後頗受歡迎，甚至還有好幾國語文的翻譯本。年紀輕輕的達爾文在生物界已小有名氣。

然而，此時達爾文的身體卻出了狀況，可能因為在南美洲染上錐蟲病，也可能是天生的精神耗弱，使原

小獵犬號的船長費茲羅伊是位虔誠的基督徒，他邀請達爾文一同前往，就是為了證明《聖經‧創世記》關於萬物及人類起源的記載是千真萬確的。虔誠的他，在船上經常帶領大家研讀《聖經》。隨船畫家埃爾將當時船上舉行讀經會的情形生動的描繪了下來，正中央坐在桌子後方的即費茲羅伊。

達爾文將多年思索、研究所得，寫成《物種原始》一書，於1859年在倫敦出版。此書徹底改變了人類的思想及視野，影響至深，無人不曉。這是英國牛津大學出版的平裝普及版封面。

本活潑健康的他日漸虛弱，終其一生都未見好轉。1842年，為了避開倫敦的煩亂環境，他帶著妻子兒女遷至倫敦近郊、肯特郡（Kent）的唐恩（Downe），過著寧靜規律的科學研究生活。儘管疾病纏身，達爾文卻始終專注於研究，科學實驗、讀書、寫作、思考成了他每天固定的工作，即使星期天也一樣。他曾說過：「科學研究是我一輩子主要的樂趣和唯一的職志。」正是這種鍥而不捨、專心致志追求科學真相的精神，使他揭開了生物界最大的奧祕。

他在加拉巴哥群島時，就發現各島的生物為了適應當地的環境，都有些微不同。當時他還不明白其中的意義，等他返回英國開始深入研究後，漸漸發現各種生物都不是創造後就完美無缺、不再改變，而是在遺傳及環境的影響下，逐漸變化成新的形體。但是這種想法與當時的生物知識抵觸，更有違《聖經》的真理及基督教教義。當初小獵犬號的船長費茲羅伊正是為了證明《聖經‧創世記》的記載，才邀他同行，最後怎會得出正好相反的結果呢？這使他感到十分困惑。儘管科學與宗教在他心中有所衝突，但科學的證據是如此明確，使他逐漸深信自己是對的。不過，這想法畢竟過於震撼，很可能在社會上引起軒然大波，他不敢輕易發表，只讓極少數的好友知道。

這樣過了二十年，一直到1858年7月的一天早上，達爾文接到英國另一位博物學家華萊士的來信及一篇關於生物演化的論文，想法竟與他的極為相似。他十分震驚，知道無法再隱瞞下去了。於是二人在科學家朋友的督促下，共同在倫敦的林奈學會發表了論文，正式公諸於眾。第二年，達爾文更進一步，出版了劃時代的鉅著《物種原始》，將演化論作了徹底的闡述。其重點包括：一、所有生物都有相當的差異，沒有兩個完全一樣的個體，其中有些差異具有遺傳性。二、生物彼此有生存競爭，具有某些有利差異的「變種」得以生存下去，反之，則被淘汰，這就是所謂的「天擇」。三、如此代代相傳，經過無數世代，累積許多小差異為大差異，這就是「演化」。四、所有生物都是從同一個來源逐漸演化而成的，並且演化會一直持續下去。

此書第一版發行1250本，出版當天即銷售一空。當時正值維多利亞時代，人們無不相信萬物都是上帝創造的，《聖經》上清楚記載著，人類是上帝依照自己的形象造的，而達爾文竟說人類是猿猴變來的（達爾文原

意並非如此），如此污衊上帝，真是離經叛道、靈魂墮落！保守的教會人士忍無可忍，於是公然向達爾文宣戰。

1860年6月30日，兩派人士在牛津大學的學術研討會上辯論，一邊由地區主教韋伯福斯（Samuel Wilberforce）率領，另一邊由生物學家赫胥黎（Thomas Huxley）代表。韋伯福斯綽號「油嘴滑舌的山姆」，臨時惡補了一些生物知識便匆匆上陣。他辯論不過科學家嚴謹的推論，竟然老羞成怒對赫胥黎譏諷道：「請問您祖父還是祖母這一系，是從猴子變來的？」赫胥黎不甘示弱，立刻不慌不忙的回答：「我寧可是從猴子變來的，也不願作為一個只會賣弄口才，以謊言激起宗教偏見之人的後代。」韋伯福斯窘得不知如何是好，一旁的科學家和牛津大學學生則高興的大聲喝采。

正當倫敦為演化論辯論得面紅耳赤時，達爾文卻依然安靜的在家鄉作研究。外界的紛紛擾擾絲毫影響不了他，他只專注於自己的研究，從鴿子、珊瑚礁到蘭花的繁殖，都是他研究的對象，經常發表科學論文，並出版了多本重要著作。他長年住在唐恩的家中，自從隨小獵犬號歸來後，即未再離開英國一步。他有一個和樂的大家庭，妻子愛瑪原是他最親近的舅舅的么女，活潑迷人；夫妻感情甚

篤，育有十名子女（其中三名夭折）。達爾文對妻子、子女十分鍾愛，全家非常親密。也因為家庭幸福，他雖然身體羸弱，精神卻始終愉快。

晚年的達爾文聲譽極隆，每次參加學術會議，都受到所有人的起立致意。他一直工作到生命終點，最後於1882年4月19日辭世，享年73歲，與英國歷代名人同葬於倫敦西敏寺。當時驚世駭俗的演化論，一百多年來，經過許多科學家的證明，已經成為人人皆知的事實。而且影響擴及各個層面，「物競天擇」的觀念深植人心，不但科學界，連人類歷史和社會都講起演化和天擇了。達爾文的演化論改變了人類根深柢固的想法，大大擴張了人們的視野，堪稱史上影響最大的發現之一，而這一切竟然都是從遠在地球角落的加拉巴哥群島開始……

另一位英國博物學家華萊士（左圖）也不約而同發現了生物演化的現象，達爾文受他的激勵，才將演化論公諸於世。老年的達爾文雖然地位崇高，卻十分沈靜，與世無爭，只專注於自己的科學研究。（右圖）

達爾文的「演化論」在當時保守的社會引起軒然大波，尤其教會人士視為毒蛇猛獸，極力反擊。於是傳教士與科學家於1860年，在牛津大學展開一場激烈的辯論。一邊由韋伯福斯主教領軍（左頁下圖），一邊以生物學家赫胥黎為首（左圖）。當時著名的刊物《浮華世界》以誇張的漫畫筆法將兩位畫了下來，卻也栩栩如生，幽默有趣。

壯盛的瀑布奇景──
伊瓜蘇國家公園
Iguaçu National Park

巴　西
巴西利亞
巴拉圭
阿根廷
伊瓜蘇國家公園
布宜諾斯艾莉斯

地　　點：阿根廷東北部與巴西南部的交界處

簡　　史：1億兩千萬年前，在今天巴西和阿根廷交界處形成堅硬的熔岩高原。經年累月受伊瓜蘇河及巴拉那河侵蝕，產生斷層，形成大瀑布。因地處雨林中，外界知道者甚少，至20世紀初才開始開發，1934年阿根廷成立國家公園，1939年巴西也設立國家公園加以保護管理

規　　模：總面積2370平方公里，包含275個以上的瀑布及森林保護區

特　　色：世界最寬闊宏盛的瀑布景觀，並有大片熱帶雨林，蘊藏豐富的生物

列入世界遺產年代：1984年（阿根廷）、1986年（巴西）

世上知名的瀑布很多，美加交界處的尼加拉瀑布、非洲的維多利亞瀑布都以水量驚人著稱；美國加州的優勝美地瀑布（740公尺）和委內瑞拉的天使瀑布（807公尺）則以高度傲視群倫。但是像伊瓜蘇瀑布如此之寬，包括瀑布之多，氣勢之壯觀，卻是絕無僅有。它那萬水奔騰、聲吼如雷，彷彿銀河墜落人間的奇景，任何人看了都要屏息。

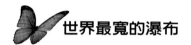 世界最寬的瀑布

伊瓜蘇瀑布位於南美洲巴西與阿根廷兩國的交界處，左鄰巴拉圭。發源於巴西的伊瓜蘇河（Iguaçu River），在巴西高原上穿流了近千公里，沿途匯集了大小三十幾條河流，成為一條滔滔的大河；來到與巴拉那河（Paraná River）會合處之前，流速變緩，

伊瓜蘇是世上最寬的瀑布，左右延伸2700公尺，275個大小不一的瀑布，轟然而下，這種氣吞山河、搖天撼地的氣勢，沒有任何瀑布可比。這是從巴西一側眺望瀑布全景的雄偉奇景。

河寬達1500公尺，這一岸望不見那岸。

　　河水繼續前流，突然墜入一個峽谷，河水順著彎月形峽谷的頂部兩邊瀉流，形成一個壯觀的馬蹄形（U形）巨大瀑布。據地質學家的研究，伊瓜蘇大瀑布的形成可追溯到1億兩千萬年前。當時地球頻繁的運動，在巴西南部造成許多裂縫。岩漿由裂縫噴發而出，形成幾十公里長、數十公尺厚的玄武岩熔岩高原，地質堅硬。後來繼續運動的地層突然產生斷層，形成南北走向的巴拉那河谷，垂直切至轉彎的伊瓜蘇河河心，但並沒有切斷河流。由於伊瓜蘇河的河床堅硬，不易受河水沖刷與侵蝕，被蝕的力量遠比巴拉那河床小，久而久之，河床的落差越來越大，終於在兩河的交會處，形成了伊瓜蘇大瀑布。

　　直到現在，這樣的落差仍持續進行著，下落的瀑水所產生的力量（重力加速度）與漩流，使河流下蝕、側蝕的力量更大，不但U形瀑布更加下陷內凹，且河谷更加深切，致使瀑布越高、越厚。

伊瓜蘇瀑布寬達2700公尺，比尼加拉瀑布還寬1000公尺。平均落差72公尺，平均水量每秒1500～1700立方公尺，雨季可高達每秒14000立方公尺，是尼加拉瀑布的兩倍。由下向上望時，眞有如銀河由天際墜落河谷，壯觀得難以言喻。

沿坡斷層而凸出的岩石與茂密的林木，將奔縱而下的河水分成275個大大小小的瀑布，4～6月雨季水量豐沛時，數量更多。不過，由於瀑布地處亞熱帶地區，全年水量都很充沛，雖略有增減，但基本上，四季平均水量變化並不大。除了極少見的一、兩個乾旱年，瀑布終年飽滿壯觀，而以1～3月爲最好的觀瀑季節。

雲的故鄉

伊瓜蘇大瀑布高落的水勢大力撞擊岩石，發出轟隆的聲音，遠在數十公里外都能聽見。落水所激起的一大片傘狀水霧，高達三、四十公尺，遠看一片雲霧繚繞。當地的原住民瓜拉尼人（Guaraní）稱之爲「雲的故鄉」，倒是很生動貼切。最早發現大瀑布的，正是這群住在瀑區附近的印第安人。他們稱瀑布爲「伊瓜蘇」，是「大水」或「多水」的意思。

為了方便遊客觀覽，巴西和阿根廷的伊瓜蘇公園都修建了完善的觀景步道。上圖是巴西的觀景步道，瀑布激起的水花，使步道上時時水霧瀰漫。阿根廷則修建了上、下環道兩條步道，可以更接近瀑布，感受那猶如千軍萬馬狂奔的逼人情景；運氣好，還可以看到彩虹劃天而過。（右圖）

瓜拉尼是南美洲印第安人的一支，主要分布在今天巴拉圭、巴西地區。他們很早就在伊瓜蘇河兩岸生活，其中一族爲了尋找傳說中的天堂，在族中長老的帶領下，不斷遷徙，最後來到伊瓜蘇大瀑布附近定居下來。他們以採集、狩獵、捕魚爲生，已有初級的農耕，會栽種玉米、馬鈴薯、豆類、南瓜等農作。有別於其他印第安人，瓜拉尼族採取群居的生活型態，平均每50個家庭組成一個他們所謂的「莫洛卡」（Maloca），4～8個「莫洛卡」形成一個部落。每個莫洛卡的成員同住在一起，單單他們所群居的大宅，就有50公尺長，眞是非同小可的「大家族」。

巴西的觀景橋就架在伊瓜蘇河上，一路怒吼的滾滾河水，不斷從腳下狂奔而去；激起的水花像雨點一樣潑灑下來，遊客只能全身披掛雨衣上陣。臨橋站立，真有命在旦夕的恐懼感。（前跨頁圖）

世居瀑區的瓜拉尼人，有許多關於大瀑布的神話和傳說，其中一則特別感人。傳說很久以前，瓜拉尼人經常為河水氾濫所苦，他們認為伊瓜蘇河的河水氾濫，正是河神大蛇波伊在河裡作怪所致。為了平息波伊的怒火，每年必須將一位美女投入伊瓜蘇河中獻給他。

有一年，又到了獻祭的時候。年輕的酋長塔駱巴愛上了等待祭獻的美女娜丕，千方百計救她不成，只好雙雙划著小船逃離。不料河神波伊大怒，切斷河道形成大瀑布，娜丕跌入大瀑布中，一頭秀髮變成翻騰的瀑水；塔駱巴則被變成岸邊的大樹。但是波伊終究無法阻止這對情侶的愛情，每當彩虹在瀑布上方出現，也正是他們踏著「虹橋」相會的時候。

這樣淒美的傳說給大瀑布增添了許多浪漫奇幻的色彩，瓜拉尼人就在這裡平靜的過了無數個年頭，除了族人，世界上沒有任何人知道伊瓜蘇瀑布的存在。1541年，西班牙人卡巴札・德・瓦卡（Cabeza de Vaca）奉西班牙國王之命，出任巴拉圭總督。他率領隨從兩百多人，沿著巴拉那河流域的熱帶雨林，一路探險，溯行了1600公里，意外來到這個轟聲如雷的大瀑布源頭，十分震驚，不禁驚呼道：「聖母馬利亞」（Santa Maria）！於是瀑布便以此為名。後來這個名字並未盛行，世人仍喜用「伊瓜蘇」稱之。不過，其他個別的瀑布稱之為「聖馬利亞」的倒有好幾處。

接下來的幾個世紀，知道伊瓜蘇瀑布的仍寥寥無幾。直到20世紀初，阿根廷政府認為此處可以發展觀光，便開始積極介紹給外界。為避免日漸增加的遊客破壞了這片原始區域，阿根廷於1934年成立了伊瓜蘇國家公園，隸屬米遜尼斯州（Misiones），面積670平方公里，包括一處自然保護區；5年後，隔鄰的巴西也在其境內的瀑區成立國家公園，隸屬巴拉那州（Paraná），面積1700平方公里，是巴西最大的熱帶森林保護區。兩國政府一方面悉心維護當地的自然生態，一方面也修築公路、步道、觀景台和旅館等，以迎接世界各地慕名而來的遊客。

雖然巴西闢建了比阿根廷大好幾倍的國家公園，但伊瓜蘇大瀑布的主要部分幾乎都在阿根廷境內，因此聯合國教科文組織在

考查時，首先於1984年，將阿根廷伊瓜蘇國家公園列入世界遺產名錄；兩年後，再將巴西的部分列入，伊瓜蘇國家公園才能以完整的面目，成為人類珍貴的共同遺產。

跨國觀覽瀑布絕景

　　阿根廷與巴西兩國的部分國界，就以伊瓜蘇峽谷作為界分。伊瓜蘇兩、三百個瀑布九成分布在阿根廷，巴西這一側因此成了絕佳的觀景點。阿根廷的居民如果想要觀看瀑布全景，反而得到對岸的巴西去了。

整個伊瓜蘇瀑區共有大小瀑布兩百多個，人們為了便於辨識，分別給予名字。有的根據外觀命名，有的則以某位名人的名字為名。這是阿根廷境內一座雄偉的瀑布，為了紀念阿根廷首任總統瑞法達維亞（Bernardino Rivadavia），便稱之為瑞法達維亞瀑布。

若要從巴西這一側欣賞瀑布，一般遊人都從伊瓜蘇市（Foz do Iguaçu）前往，50公里外就是伊瓜蘇國家公園。國家公園內的大瀑布旅館（Hotel das Cataraatas）前設有觀景台，站在這裡，整個瀑布最精采的一段盡收眼底。大大小小的瀑布像一匹匹白練一樣，從崖邊直掛而下，壯闊無比。從觀景台沿崖邊建有1200公尺長的觀景步道，沿途能欣賞到阿根廷境內各個瀑布景觀，例如著名的聖馬丁瀑布（San Martin Fall）、雙劍客瀑布（Dos Mosqueteros Fall）、三劍客瀑布（Three Mosqueteros Fall）、瑞法達維亞瀑布（Rivadavia Fall）等；也可上達巴西境內聖馬利亞瀑布（San Maria Fall）的瞭望塔瞭望；或下抵瀑布的正前方，觀賞滔滔巨流從天傾洩而下的奇景。

如果遠觀還不過癮，那就得越過國界，來到阿根廷這一側，就近親身感受大瀑布儡人心魄的氣勢。阿根廷的伊瓜蘇國家公園

巴西大瀑布旅館前方視野最佳，因此設有多個觀景台。站在台上，對面阿根廷境內的瀑布群一覽無遺。即使相隔有一段距離，依然能感受到瀑布震人心魂的強大威力。

有兩條觀瀑步道，稱之為上環道（Upper Circuit）和下環道（Lower Circuit）。上環道其實是一條架設在河流上方的觀景橋，沿著橋前行，只見一排大小瀑布，如滾滾洪流，在腳下翻騰，瀑水激起的水花像大雨一般，不斷噴濺在身上；水聲咆哮怒吼，彷彿要把人吞噬下去。遊人置身其中，不由得雙手緊緊抓住橋上欄杆，深怕一個不小心，就被激流沖走。

下環道大部分與上環道平行，只是位置較低。遊人可以更深入瀑布底部，自下而上，觀看每一層瀑布的不同姿態，奇景無數，觀不勝觀。不過，夏季水量大時，為了安全，一些較低的觀景點會暫時關閉。

如果這樣仍嫌不夠刺激，那麼，請務必探一探「魔鬼喉」（Devil's Throat）。這是峽谷頂端瀑布的中心位置，也是兩河的匯集處，水流最大、最猛，是瀑區內最吸引人的大瀑布。從阿根廷或巴西都可以觀賞魔鬼喉，由阿根廷這一側是從上往下看，由巴西這一側，則是從下往上看。無論從哪一側，都能感受到前所未有的震撼。人們顫危危站在崖邊，只見怒水分成幾股狂奔，拼命洩向深谷的無底洞；水聲轟隆，比巨雷還響，只覺山搖地動，站都站不穩。見此景，能不傾服者幾希？

瀑布群中稱之為聖馬利亞瀑布的有好幾座，這是其中之一。河水奔流到斷崖邊緣，突然下墜，便形成如此壯觀的畫面。激起的水霧，使附近終年霧茫茫一片。

熱帶雨林孕育生物奇珍

　　看完撼動力十足的瀑布，還不要急著離開，這裡可看、可遊之處還很多。伊瓜蘇國家公園位於亞熱帶地區，在南回歸線附近，雨量豐沛；伊瓜蘇河滋潤了兩岸的土地，在占地遼闊的亞熱帶雨林中，孕育出各種奇花異樹、珍禽走獸。光是植物，就多達兩千多種，包括許多高大的喬木。有一種巨型玫瑰紅樹最引人矚目，40公尺高的巨樹，筆直衝入雲霄，極為壯觀。

伊瓜蘇瀑區的熱帶雨林，動植物種類特別多，有各種奇花異草、珍禽走獸。其中豔麗的巴西鸚鵡最討人喜歡，那一身五色斑斕的羽毛，往往吸引最多的目光。

伊瓜蘇大瀑布所在處，所有的樹都向著瀑布生長，它們從水幕裡探頭迎向陽光，有綠竹、棕櫚、開了花的藤蘿等；色彩豔麗的各種蘭花、秋海棠則在瀑布附近岩石上叢生，嬌美燦爛。莒尾植物帶刺的杯形葉裡儲滿水，方便許多幼蟲飲用，也是許多成蟲的養育所。凡此種種，在太陽映照時，偶現的彩虹與繽紛的林木野花，將景觀上推至美極的境界。此外，瀑水遍灑的濕地上，遍生許多水生植物，各種苔蘚、蕨類等，攀附岩間，彷彿為大地鋪上一層綠絨毯，其中以河苔草科的植物最稀有珍貴。

雨林中的最下層，還有許多南美洲特有的中大型哺乳動物，包括美洲豹、貘、山貓、蜜熊、野豬、長鼻浣熊，以及較少見的食蟻獸、短吻鱷、巨型水獺等。

雨林中的中間層有食蟻獸、啄木鳥與吼猴等。林木間豐足優厚的環境，有利於各種昆蟲的養育與成長，種類極多。就以漫天飛舞、色澤富麗的蝴蝶來說，大大小小，紅的、黃的、黑的，成群翩翩起舞；最大的巨蝶翅膀有20公分寬，另有一種魔浮蝶，身上甚至能反射出藍光。

與這些昆蟲同在空中飛舞的，還有生活作息在雨林最上層的鳥類。這裡的鳥類多達四百多種，幾乎和全歐洲的種類一樣多。輕盈的褐雨燕羽翼豐滿，常在瀑布林地間自由穿梭來回；巨嘴鳥、鸚鵡等在林木的樹梢上輕快飛行，悠悠哉哉；種類繁多且羽毛鮮豔的鸚鵡尤其惹人憐愛。巴西的伊瓜蘇國家公園的入口處，特別設置了一座鳥園（Pargue Das Aves），園內有各種熱帶鳥類，諸如寶冠鳥、非洲冠鶴、火鶴等等，頗受遊人喜愛。

想要深入探訪者，還可以參加叢林遠征之旅，在具備專業素養的導遊帶領下，乘坐吉普車，進入叢林之內，仔細觀察雨林內的生態環境。不但新奇有趣，且深富教育意義。喜愛冒險者，還可以再乘橡皮摩托艇，溯伊瓜蘇河而上。驚濤駭浪中摩托艇來到瀑布底下，身邊怒濤狂吼，艇有如巨浪中的小舟，上下左右擺盪。再沒有哪個時候，如此接近伊瓜蘇瀑布了。心神震顫之餘，不由敬畏莫名。那天降白浪的震天巨響，即使過了許久，仍在心中迴盪不已。

優雅的火鶴和有著華麗羽冠的冠鶴在水池中嬉戲。巴西伊瓜蘇公園設有一座熱帶鳥園，園中就有這些美麗的珍禽。看過震人心弦的瀑布，再看看這些熱帶鳥類，似乎特別親切。

旅遊實用資訊

2. http://hsgwh.vicp.net/：黃山風景區管理委員會網站（簡體字）

3. http://www.intohuangshan.com/：黃山旅遊資訊網（簡體字）

九寨溝

交　通：

　　遊覽九寨溝最便捷的途徑是先到成都，再從成都搭飛機或乘汽車前往

飛　機／香港、北京、上海、廣州等大城市都有航班到成都，再從成都搭飛機至九寨黃龍機場，約45分鐘。從機場可搭機場巴士前往九寨溝，約1小時30分鐘

長途巴士／從成都每天都有兩、三班長途巴士前往九寨溝，約10小時

區內交通／為了保護生態環境，九寨溝內禁止一般車輛進入。要遊覽九寨溝內必須搭乘綠色環保觀光車。遊客購票乘車進溝後，在溝內的任何指定點皆可上下車

九寨溝：

開放時間／7：00～17：00（最後入場時間為15：00）

門　票／需購買入場券（人民幣145元）和綠色環保觀光車票（人民幣90元）

參觀重點／臥龍海、樹正瀑布、珍珠灘、珍珠灘瀑布、諾日朗瀑布、鏡海、五花海、熊貓海、長海等

相關網站：

1. http://www.jiuzhaigouvalley.com：九寨溝管理局網站（簡體字）

黃　龍

交　通：

飛　機／從成都搭機至九寨黃龍機場，再乘機場巴士或計程車前往

區內交通／黃龍境內沒有任何交通工具。遊客必須徒步遊覽

黃龍景區：

門　票／3～10月人民幣110元，11～2月人民幣70元

參觀重點／迎賓彩池、飛瀑流輝、金沙鋪地、五彩池、石塔鎮海、黃龍寺

※九寨溝、黃龍相距不遠，可以一併遊覽。如果圖方便，坊間有很多旅行團可以參加

相關網站：

1. http://www.huanglong.com：黃龍國家級風景名勝區管理局網站（簡體字、繁體字、英文）

黃　山

交　通：

　　位於黃山風景區南方65公里處的屯溪是黃山市的交通中心。遊客可先到屯溪，再前往各景區

飛　機／黃山機場位於屯溪西郊5公里處。和北京、上海、香港等城市之間有直達航線。從機場可搭機場巴士或計程車前往屯溪市區，約20分鐘

火　車／黃山火車站位於屯溪市區。從北京搭快速火車K45約20小時，從上海搭快速火車K819約12小時

區內交通／一般遊客可從黃山南大門進出黃山。從屯溪搭巴士到黃山南大門，需約1小時30分鐘。黃山主要的登山路線有兩條：一是從溫泉區的慈光閣開始的前山路線，另一則是從雲谷寺開始的後山路線。兩條路線都可利用纜車直達山上。前山的纜車稱玉屏索道，行駛於慈光閣和玉屏樓之間。後山的纜車為雲谷索道，行駛於雲谷寺和白鵝嶺之間。從黃山南大門到慈光閣或雲谷寺的纜車站之間，有小型巴士往來

玉屏索道（纜車）：

營運時間／夏季6：30～12：00，13：30～17：00，冬季7：00～12：00，13：30～16：00

車　票／上山人民幣70元，下山人民幣60元

雲谷索道（纜車）：

營運時間／夏季6：30～16：00，冬季9：00～16：00

車　票／上山人民幣70元，下山人民幣60元

參觀重點／天都峰、玉屏峰、蓮花峰、獅子峰、始信峰、光明頂、迎客松、飛來石、夢筆生花、五龍潭、溫泉區等

相關網站：

1. http://www.huangshanchina.com/lyj/：黃山市旅遊局網站（簡體字）

三江並流保護區

交　　通：

飛　　機／可先搭飛機至大理或麗江，再換公車前往各處。若要直接到中甸（現為香格里拉縣），可從昆明搭飛機前往

區內交通／要往金沙江流域，可從大理搭巴士，經麗江、中甸至德欽，沿路欣賞金沙江峽谷風光。或從大理搭高速巴士至德欽，只需6小時。從德欽搭往鹽井的公車，可入西藏

要到瀾滄江流域，可從大理搭公車至維西，此處也有公路通德欽。以上幾個縣城間都有公路相通。中甸最熱鬧的長征路上有許多旅行社，也可議價包車遊覽

要往怒江流域，可從大理搭公車，沿著險峻峽谷旁的公路，可達六庫、福貢、貢山，以及最北的丙中洛。從貢山往西北，則是獨龍江流域

參觀重點／觀覽三江沿岸壯麗風光（如虎跳峽、梅里雪山等）；遊麗江、中甸、瀘沽湖、六庫、保山等城鎮；走茶馬古道；拜訪各少數民族村落

注意事項／境內遼闊，且山高谷深水急，多數地區交通不便，若無嚮導，勿隨便深入山區。拜訪少數民族，應注重禮節

相關網站：

1. http://www.traveloyunnan.com.cn：雲南省旅遊局網站（簡體字、繁體字、英文等）

2. http://big5.xinhuanet.com/gate/big5/www.yn.xinhuanet.com/ynnews/zt/2003/sjbl/：新華社雲南分社網路中心網站（繁體字）

大堡礁

交　　通：

遊覽大堡礁以昆士蘭州北部大城凱恩斯（Cairns）為據點最方便。從凱恩斯出發，遊覽大堡礁的旅行團多得不勝枚舉

飛　　機／澳洲各大城及各國際都市和凱恩斯都有班機往來

區內交通：

艾略特夫人島／從布里斯本每天都有小飛機飛往艾略特夫人島

蜥　蜴　島／從凱恩斯每天都有小飛機飛往蜥蜴島，需約60分鐘

哈密頓島／從凱恩斯、布里斯本、雪梨等地每天都有直達班機飛往哈密頓島。從凱恩斯需約90分鐘

海　曼　島／從哈密頓島搭專用快速艇約55分鐘，或搭水上飛機約15分鐘

當　克　島／從凱恩斯每天都有小飛機飛往當克島，需約40分鐘

蒼　鷺　島／從格拉斯頓（Gladstone）每天都有直昇機飛往蒼鷺島，需約30分鐘

遊客服務中心：

地　　址／Shop C2A , Ground Floor , The Pier Complex , Pier Point Rd , Cairns

電　　話／+61 (0)7 4031 4355

參觀重點／所有已開發的島嶼均值得一遊，可以參加各島的休閒參觀活動，例如潛水、浮潛、釣魚、賞鯨、尋龜、觀鳥、健行、游泳、衝浪、搭玻璃船遊海底世界等

相關網站：

1. http://www.australia.com/：澳洲旅遊局官方網站（英文、中文等）

2. http://www.queensland-holidays.com.au/：昆士蘭州觀光旅遊局官方網站（英文）

3. http://www.tropicalaustralia.com.au/：熱帶北昆士蘭旅遊局官方網站（英文）

4. http://www.cairnsvisitorcentre.com：凱恩斯遊客服務中心網站（英文）

優勝美地國家公園

交　　通：

飛　　機／位於優勝美地國家公園西南方的Fresno Yosemite International Airport和舊金山、洛杉磯及鹽湖城（Salt Lake City）等城市之間每天都有班機。從舊金山約50分鐘，從洛杉磯約1小時，從鹽湖城約1小時40分鐘。從機場可租車前往優勝美地國家公園，約2小時

長途巴士／從舊金山搭California Parlor Car Tours公司的直達巴士，約5小時。或從舊金山搭灰狗巴士（Greyhound Bus）到Merced後，再換乘YARTS公司的巴士前往。從舊金山到Merced約4小時，從Merced到優勝美地約2小時30分鐘

園內交通／在公園內除了連接各景點的免費遊園巴士以外，還有Yosemite Concession Services公司提供的各種Tour Bus路線

遊客服務中心：

地　　址／P.O. Box 577, Yosemite National Park, CA 95389

電　　話／+1 209 372 0200

開放時間／夏季8：00～18：00，冬季8：00～16：30

※優勝美地村（Yosemite Village）及公園的東、西、南部各有一處遊客服務中心

優勝美地國家公園

開放時間／全天24小時開放

門　　票／一輛車20美元（7日內有效），巴士、徒步、摩托車、腳踏車10美元（7日內有效）

參觀重點／優勝美地峽谷、上尉岩、半圓頂、鏡湖、優勝美地瀑布、春天瀑布、新娘面紗瀑布、絲帶瀑布、馬利波沙大紅杉林、開拓先驅歷史中心、優勝美地博物館

相關網站：

1. http://www.nps.gov/yose：優勝美地國家公園官方網站（英文）

2. http://www.yosemitepark.com：可預約優勝美地國家公園內的小屋（Lodge）（英文）

3. http://www.yosemite.org：可查詢優勝美地周邊之交通、住宿及天氣等相關資訊（英文）

4. http://www.yosemite.com：可查詢優勝美地周邊之交通、住宿及天氣等相關資訊（英文）

大峽谷國家公園

交　　通：

飛　　機／從拉斯維加斯搭Scenic Airline航空公司的小飛機到位於大峽谷國家公園南方的小鎮圖希安村（Tusayan）的大峽谷機場（Grand Canyon Airport），約1小時15分鐘。從機場可搭機場巴士前往南岸的中心點：大峽谷村

長途巴士／從拉斯維加斯或洛杉磯搭灰狗巴士到位於大峽谷國家公園南方的小鎮Williams或Flagstaff後，換乘接駁巴士前往南岸。另外，大峽谷鐵路公司（Grand Canyon Railway）的蒸汽火車行駛於Williams和南岸的大峽谷村之間

園內交通／在公園內除了連接各景點的免費遊園巴士外，還有各種Tour Bus路線。另外，五月中到十月中，Trans Canyon Shuttle提供南岸和北岸之間的班車。若要從空中鳥瞰大峽谷，可利用Grand Canyon Airlines公司的小飛機或Papillon Grand Canyon Helicopters公司的直昇機

遊客服務中心：

地　　址／P.O. Box 129, Grand Canyon National Park 86023

電　　話／+1 928 638 7888

開放時間／8：00～21：00

※在大峽谷村及公園的東部和北部各有一處遊客服務中心

大峽谷國家公園

開放時間／南岸全年每天24小時開放；北岸五月中到十月每天24小時開放，其他時間關閉

門　　票／一輛車20美元，巴士、徒步、摩托車、腳踏車10美元（南岸和北岸通用，7日內有效）

參觀重點／大峽谷村：南岸東線各景點，如亞瓦派、大視野、雅基、潘麗、莫蘭、沙漠景點等；騎騾沿南岸西線深探谷底；北岸的皇家岬路段、帝王景點等

相關網站：

1. http://www.nps.gov/grca：大峽谷國家公園官方網站（英文）

2. http://www.thecanyon.com：包括大峽谷周邊的住宿、交通等相關資訊（英文）

加拉巴哥群島

交　　通：

飛　　機／加拉巴哥群島有兩座機場，巴爾屈島（Isla Baltra）上的Baltra Airport和聖克里斯托巴島上的El Progreso Airport。都可從厄瓜多首都基多（Quito）或瓜亞基爾（Guayaquil）搭飛機前往。從基多至巴爾屈島需約2小時50分，至聖克里斯托巴島需約3小時

區內交通／從Baltra Airport前往加拉巴哥群島內最大城市Puerto Ayora（位於聖塔克魯斯島），需先從機場搭巴士至碼頭，換乘渡船到對岸的聖塔克魯斯島後，再換乘巴士，需約1小時。當地旅行社推出的加拉巴哥群島生態之旅以遊艇為主，費用依遊艇的大小、設備和旅遊天數不同而異

遊客服務中心：

地　　址／Av. Charles Darwin s/n , Puerto Ayora , Isla Santa Cruz

電　　話／+593 (0)5 526189

開放時間／周一～五 8：30～12：00、15：00～18：00

關閉時間／周六、日

加拉巴哥群島國家公園

門　　票／100美元（需於基多或瓜亞基爾搭飛機之前在櫃台繳付）

參觀重點／伊莎貝拉島、聖塔克魯斯島、聖克里斯托巴島、聖薩爾瓦多島、斐南迪納島、艾斯帕諾拉島等，觀察

各島的地貌景觀及動植物

注意事項：該群島嚴格限定參訪人數，且必須由領有執照的專業導遊引導，才能在指定路線上參觀。此外，嚴禁遊人攜帶花草、水果、種子或其他動物進入

相關網站：

1. http://www.galapagospark.org：加拉巴哥群島國家公園官方網站（英文、西班牙文、日文）
2. http://www.discovergalapagos.com：包括加拉巴哥群島的住宿、交通、旅行團等相關資訊（英文）
3. http://www.galapagosislands.com：包括加拉巴哥群島的住宿、交通、旅行團等相關資訊（英文）

伊瓜蘇國家公園

交　通：

從阿根廷前往

飛　　機／從阿根廷首都布宜諾斯艾利斯（Buenos Aires）每天都有班機飛往伊瓜蘇

市內交通／從阿根廷遊覽伊瓜蘇瀑布以瀑布西北方15公里處的Puerto Iguazu為據點最方便。從Puerto Iguazu每隔1小時有一班巴士前往伊瓜蘇瀑布，需約30分鐘

從巴西前往

飛　　機／從里約熱內盧（Rio de Janeiro）、聖保羅（San Paulo）、巴西利亞（Brasilia）等地都有班機飛往伊瓜蘇

市內交通／從巴西遊伊瓜蘇瀑布以伊瓜蘇市（Foz do Iguaçu）為據點最方便。伊瓜蘇市隔著伊瓜蘇河與Puerto Iguazu對望。從伊瓜蘇市每隔1小時有一班巴士前往伊瓜蘇瀑布，需約40分鐘

遊客服務中心：

地　　　址／Av. Victoria Aguirre 396, Puerto Iguazu

電　　　話／+54 (0)3757 4200800，0800 5550297

開放時間／周一～五8：00～13：00、14：00～20：00，周六、日8：00～12：00、16：00～20：00

伊瓜蘇國家公園：

門　　　票／5.00披索（阿根廷），8.00里爾（巴西）

參觀重點：各大瀑布皆有可觀，著名的有聖馬丁、雙劍客、三劍客、瑞法達維亞、聖馬利亞、聯合大瀑布及魔鬼喉等，之後可參觀鳥園及參加叢林之旅

相關網站：

1. http://www.iguazuargentina.com：伊瓜蘇國家公園官方網站（西班牙文）
2. http://www.sectur.gov.ar：阿根廷旅遊局網站（英文、西班牙文、葡萄牙文）

圖片來源

風景文化叢書 訂購辦法

凡直接向本公司購《世界遺產之旅》，每本一律照定價85折（305元）優惠讀者。團體大宗（一次購買單一書種10本以上）另有折扣，請電洽讀者服務部(02)8218-7702。

以下兩種訂購方式，請任選：

1. **郵政劃撥**：劃撥帳號／19749174，戶名／風景文化事業股份有限公司
   一般劃撥後3～5天，本公司才會收到資料，安排寄書。可以先寫明書名、數量、收件人姓名、地址、電話等，附上劃撥單收據，傳真至本公司，即可迅速寄出。
2. **信用卡訂購**：請填妥所附信用卡專用訂購單，影印放大傳真至本公司（最便捷的方式，請多利用）。

風景文化《**世界遺產之旅**》信用卡訂購單

24小時傳真熱線：(02)82187716

■**購買單冊**：（每冊定價新台幣360元）。

書　　名	85折優惠價	數　　量	金　　額	書　　名	85折優惠價	數　　量	金　　額
＊皇宮御苑	305元	本	元	＊上帝聖殿	305元	本	元
＊歷史名都	305元	本	元	＊自然奇景	305元	本	元
＊老城古鎮	305元	本	元	宗教聖地	305元	本	元
＊古代文明	305元	本	元	藝術瑰寶	305元	本	元

（有＊記號者表示已經出版，其餘各書陸續推出，歡迎預購。）

合計數量：＿＿＿＿＿＿本　　　合計金額：＿＿＿＿＿＿＿＿＿＿＿元

■**購買全套共8冊**：（每套定價新台幣2880元）

系　　　　　　列　　　　　　名	85 折 優 惠 價	數　　量	合　計　金　額
世界遺產之旅系列（全套共8冊）	2440元	套	元

■**請選擇郵寄方式**：平郵免費，掛號每本加收郵資20元。購書金額500元以上一律免費掛號寄書。

☐平郵（免費）　☐掛號

■**總計**：（合計金額＋郵費）：＿＿＿＿＿萬＿＿＿＿＿仟＿＿＿＿＿佰＿＿＿＿＿拾＿＿＿＿＿元整

■**信用卡資料**

發卡銀行：＿＿＿＿＿＿＿＿＿＿＿＿＿＿＿＿＿＿＿＿＿＿

卡別：☐VISA ☐MasterCard ☐JCB ☐聯合信用卡　　卡號：＿＿＿＿＿－＿＿＿＿＿－＿＿＿＿＿－＿＿＿＿＿

信用卡有效期限：西元＿＿＿＿＿年＿＿＿＿＿月止（請務必填寫）　簽名：＿＿＿＿＿＿＿＿＿＿＿＿＿＿＿

支付款項：＿＿＿＿＿＿＿＿＿＿元（請務必填寫）　　　　　　　　　　　　　（與信用卡上簽名一致）

■**訂購者基本資料**（書友會會員僅填姓名、電話及寄書地址即可）

姓名：＿＿＿＿＿＿＿＿＿＿＿　性別：☐男 ☐女　出生日期：西元＿＿＿＿＿年＿＿＿＿＿月＿＿＿＿＿日

寄書地址：☐☐☐＿＿＿＿＿＿＿＿＿＿＿＿＿＿＿＿＿＿＿＿＿

住宅電話：（　　）　－　　　　公司電話：（　　）　－　　　　行動電話：＿＿＿＿＿＿＿＿＿

傳真：（　　）　－　　　　　E-Mail：＿＿＿＿＿＿＿＿＿＿＿＿

■**發票資料**（如未註明抬頭及統一編號，將開立訂購者個人發票）

發票抬頭：＿＿＿＿＿＿＿＿＿＿＿＿＿　統一編號：＿＿＿＿＿＿＿＿＿＿＿＿＿

※以下欄位消費者免填／商店代號：＿＿＿＿＿＿＿　授權碼：＿＿＿＿＿＿＿　消費日期：＿＿＿＿＿＿＿

＊傳真後請來電確認　　　＊本單若已傳真，請勿再郵寄

風景文化事業股份有限公司
地址：231台北縣新店市中央路198號3樓
E-mail：scenery.books@msa.hinet.net
讀者服務電話：(02)8218-7702　傳真：(02)8218-7716
服務時間：週一至週五上午9：30～下午6：00

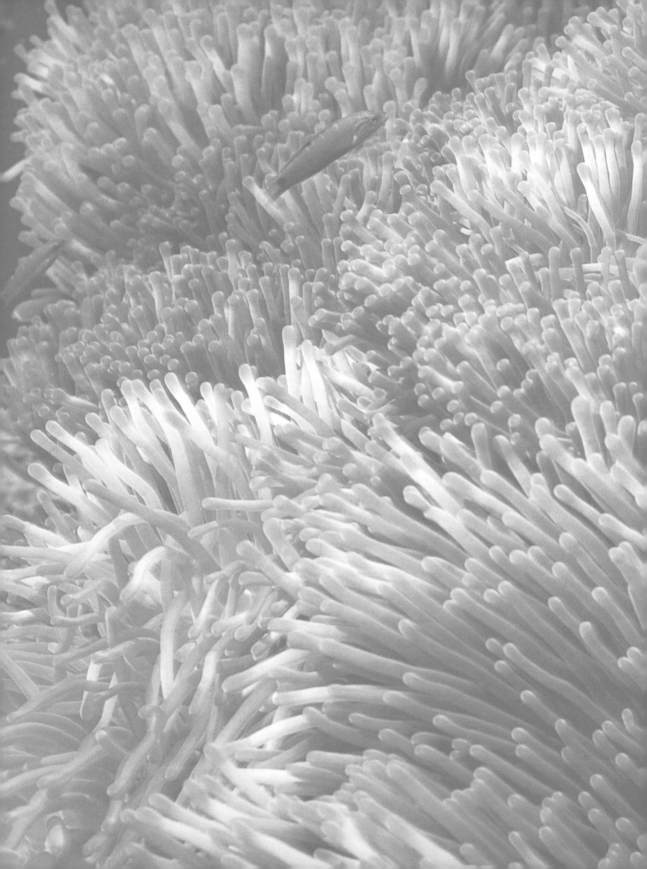

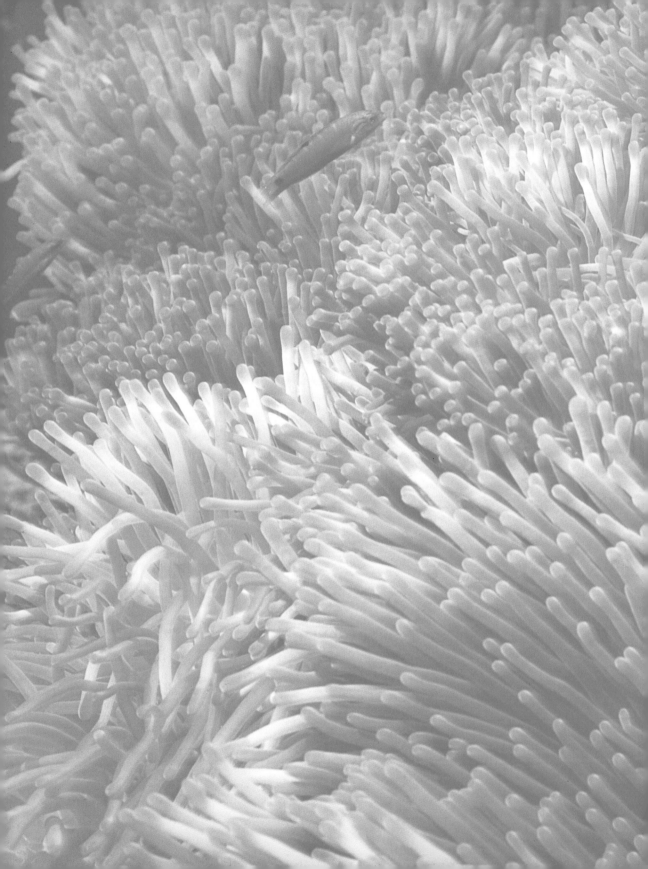